国家级实验教学示范中心
工程创新实践课程系列教材

# 3D 打印技术及其应用

张巨香　于晓伟　主编

国防工业出版社

·北京·

# 内 容 简 介

本书立足基本、重在应用,首先对 3D 打印技术的基本知识、基本理论及其相关的 3DCAD 设计、快速模具技术进行理论介绍;然后按照内在的逻辑顺序,对具体软件、具体设备、具体方法配合相关案例进行介绍;最后是综合应用,针对不同类型的产品以综合案例的形式进行产品分析和制作流程的全过程讲解。

本书可作为高等学校、专科学校、职业学校的机械工程、材料工程、工业工程、工业设计等相关专业的教材,也可作为产品设计人员、工程技术开发人员的参考书。

**图书在版编目(CIP)数据**

3D 打印技术及其应用/张巨香,于晓伟主编. —北京:国防工业出版社,2016.3
ISBN 978 - 7 - 118 - 10540 - 7

Ⅰ.①3… Ⅱ.①张… ②于… Ⅲ.①立体印刷—印刷术 Ⅳ.①TS853

中国版本图书馆 CIP 数据核字(2016)第 038966 号

※

国防工业出版社出版发行

(北京市海淀区紫竹院南路 23 号 邮政编码 100048)
三河市鼎鑫印务有限公司印刷
新华书店经售

*

开本 787×1092 1/16 印张 11 字数 266 千字
2016 年 3 月第 1 版第 1 次印刷 印数 1—3000 册 定价 29.00 元

**(本书如有印装错误,我社负责调换)**

国防书店:(010)88540777          发行邮购:(010)88540776
发行传真:(010)88540755          发行业务:(010)88540717

## 国家级实验教学示范中心
## 工程创新实践课程系列教材编写委员会

# 序

"深化工程训练教学改革,提高工程实践教育质量"是我国当前高等工程教育改革的热点,也是难点问题。改革与发展工程训练已经成为工程人才培养质量提高的突破口。"面向工业界,面向世界,面向未来"培养造就一大批创新能力强、适应社会经济发展需要的卓越工程人才,对我国创新型国家建设具有重大意义。

我国高校工程训练起源于传统的工科机械类专业的金工实习和电子工艺实习,是随着我国高等工程教育改革发展起来的新型工程实践教育模式,符合教育发展规律,具有中国特色。在全国高校中,已评出 36 个国家级综合性工程训练示范中心。教育部关于示范中心评审的文件中明确提出,在高校建设工程训练示范中心的目的是:"根据国家社会经济发展,走新型工业化道路对现代工程人才的需求,引导学校加强学生实践能力和创新能力培养,营造突出综合性、实践性、设计性、研究性、创新性为特点的工程实践和创新环境;训练学生的动手能力,工程应用能力和工程管理能力等,使学生了解工程环境,建立工程意识,得到现代工业生产、工艺、技术、管理等方面的基本知识和基本训练,掌握操作和实验技能,激发创新精神,提高综合素质。"

工程训练的发展已经进入"转型期"。工程训练课程以"大工程观"为教育教学理念,贴近社会发展需求,贴近现代企业实际,贴近工程人才成长需要,侧重培养学生的工程实践及工程创新能力,具有多学科知识背景、良好的职业道德及社会责任感。南京理工大学工程训练中心从 2007 年起率先转变发展方式,教学改革取得了显著成果。2012 年 8 月,教育部批准南京理工大学工程创新综合实验中心(工程训练中心)为"十二五"国家级实验教学示范中心;2014 年 2 月,现代制造企业虚拟仿真实验教学中心获评为国家级虚拟仿真实验教学中心;2014 年 9 月,"构建多学科交叉平台,实施项目教学,提升大学生工程创新能力"获得国家级教学成果奖,工程训练实现了发展方式的转变。

工程训练教材建设是工程训练课程发展的基础性工程。我们以大学生工程创新能力培养为核心,以"信息化与工业化深度融合"为方向,以多学科交叉融合为方法,构建工程训练系列教材内容体系,内容涉及现代制造工程基础、模具数字化设计制造技术、粉末冶金制造工程、3D 打印技术及其应用、智能机器人技术和产品生命周期管理(PLM)等,形成从基础工程到工程综合创新课程群。教材编写突出工程实践性、系统性、创新性显著特征,让学生在真实的工程环境中学习工程技术,体验工程文化,锻炼工程实践创新能力。

教材编写委员会

2014 年 8 月

# 前　言

  3D 打印技术又称为快速原型、快速成形、增材制造、自由成形等等,《经济学人》《福布斯》《纽约时报》等主流媒体称 3D 打印技术将引发"第三次工业革命",其发展之快令人瞠目,受到世界各国的高度重视。

  本书以 3D 打印技术的共性的理论知识为基础,3D 打印技术的应用为重点。本书主要介绍了熔融挤压和选择性激光烧结两种 3D 打印方法,桌面 UP! 3D 打印机、S250 双喷头 3D 打印机/快速原型系统和德国 Concept Laser 公司 M2 金属快速原型机三种 3D 打印设备。书中配以大量具体案例,并安排了单独的一章介绍了 6 个 3D 打印技术的综合应用案例,每个案例的侧重点有所不同。通过工程案例的分析,将理论知识与工程应用融为一体,深入浅出、循序渐进,注重学以致用。

  本书由南京理工大学组织编写,共分 5 章。第 1 章由张巨香编写;第 2 章第 1 节由张巨香编写,其余由葛安编写;第 3 章第 1 节由张巨香编写,第 2 节由朱宇东编写,第 3 节由刘婷婷、张凯编写;第 4 章第 1 节由张巨香编写,其余由于晓伟编写;第 5 章第 1 节由张巨香编写,第 2 节由葛安、于晓伟、张巨香编写,第 3、4 节由刘婷婷、张凯编写,第 5、6 节由于晓伟、葛安编写。全书由张巨香审定。

  特别感谢刘婷婷、张长东老师以及刘婷婷老师的博士张凯的大力协助。

  由于编者水平有限,难免存在不足之处,敬请读者批评指正。

编　者

2015 年 6 月

# 目　录

第 1 章　概论 ……………………………………………………………………… 1

1.1　3D 打印技术的概念与称谓 ………………………………………………… 1

1.2　3D 打印技术的产生、发展及未来 ………………………………………… 1

1.3　3D 打印技术的应用 ………………………………………………………… 9

复习思考题 ………………………………………………………………………… 27

第 2 章　3D CAD 建模技术 ……………………………………………………… 28

2.1　概述 …………………………………………………………………………… 28

2.2　Creo 设计软件的概述 ……………………………………………………… 37

2.3　Creo Elements/Pro 5.0 建模基础 ………………………………………… 37

2.4　Creo Elements/Pro 5.0 建模实例 ………………………………………… 55

复习思考题 ………………………………………………………………………… 67

第 3 章　3D 打印技术 …………………………………………………………… 70

3.1　原理、特点、技术步骤、生产流程及分类 ………………………………… 70

3.2　熔丝沉积快速原型系统 …………………………………………………… 79

3.3　激光选区熔化快速原型系统 ……………………………………………… 95

复习思考题 ………………………………………………………………………… 109

第 4 章　快速模具制造技术 …………………………………………………… 110

4.1　概述 …………………………………………………………………………… 110

4.2　直接快速模具技术 ………………………………………………………… 114

4.3　间接快速模具技术 ………………………………………………………… 118

4.4　用于铸造的快速模具技术 ………………………………………………… 130

复习思考题 ………………………………………………………………………… 135

第 5 章　3D 打印技术应用案例 ……………………………………………… 136

5.1　案例一 ……………………………………………………………………… 136

5.2　案例二 ……………………………………………………………… 140

5.3　案例三 ……………………………………………………………… 147

5.4　案例四 ……………………………………………………………… 153

5.5　案例五 ……………………………………………………………… 157

5.6　案例六 ……………………………………………………………… 161

　　复习思考题 …………………………………………………………… 164

**参考文献** ………………………………………………………………… 165

**教学基本要求：**

（1）了解 3D 打印技术的概念与称谓。

（2）了解 3D 打印技术的产生、发展及未来。

（3）了解 3D 打印技术的应用。

## 1.1　3D 打印技术的概念与称谓

3D（Three Dimensions）打印技术是以计算机 3D 设计模型为蓝本，创造性地采用离散堆积的成形原理，通过软件分层离散和数控成形系统，利用激光束、热熔喷嘴等方式将金属粉末、陶瓷粉末、塑料、细胞组织等特殊材料进行逐层堆积黏结，最终叠加成形，制造出任意复杂形状 3D 实体零件的技术总称。

3D 打印技术又称为快速成形、快速原型、快速模型、直接制造等，主要反映的是这项技术的一个特点——快，这项技术出现之后的 20 多年间，国内一直以这样一个特点来为其命名。现在，国内将这项技术俗称为"3D 打印"，它形象化地强调了 3D 结构，便于一般人理解并容易引起更多人的关注。也有人将其称为自由成形技术，这主要是强调了它可以成形任意复杂形状的 3D 实体零件。在美国，3D 打印技术被称为"增材制造"，这是从成形学的角度来命名这一技术的，事实上它是增材制造（Additive Manufacturing）技术中的一种，现在普遍被用来描述增材制造行业。虽然这些名字看起来差别很大，但是都是同样一种技术，只是从不同的角度来命名而已。

## 1.2　3D 打印技术的产生、发展及未来

### 1.2.1　3D 打印技术的产生

3D 打印技术最初的制造思路源于 3D 实体被切成一系列的连续薄切片的逆过程。用二维的制造方法制作出一系列的薄切片，然后堆叠成为 3D 的零部件实体。其早期根源可以追溯到 1892 年 J. E. Blanther 的一项美国专利，建议用层叠的方法来制作地图模型。该方法提出将地形图的轮廓线压印在一系列的蜡片上，并沿轮廓线切割蜡片，然后堆叠系列蜡片产生 3D 地貌图，图 1-1 所示。

之后这一思路推广到制造领域，并不断得到深入和发展，其基本过程可以粗略梳理如下：

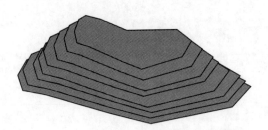

图 1-1 用层叠法制作地图模型示意图

1892 年,美国 Blanther 在他的专利(#473 901)中建议用分层制造法构成地形图。

1902 年,美国 Carlo Baese 在他的专利(#774 549)中提出了用光敏聚合物制造塑料件的原理。

1940 年 Perera 提出了在硬纸板上切割轮廓线,然后粘结成 3D 地图的方法。

50 年代之后,出现了几百个有关 3D 打印技术的专利。

Zang(1964)、Meyer(1970)和 Gaskin(1973)等又提出了一系列轮廓片形成 3D 地形模型的新方法。

1976 年 Paul 在他的专利(#932923)中进一步明确提出,先用轮廓跟踪器将 3D 物体转化成许多二维轮廓薄片,然后用激光切割使薄片成形,再用螺钉、销钉将一系列薄片连接成 3D 物体。

1979 年日本东京大学的 Nakagawa 教授开始采用分层制造技术制作实际的模具,如落料模、压力机成形模和注塑模。

80 年代末,3D 打印技术有了根本性的发展,仅在 1986—1998 年期间注册的美国专利就有274 个。其中最著名的是 Charles W. Hull 在 1986 年申请的专利(#4575330)提出用激光照射液态光敏树脂,从而分层制作 3D 物体的现代 3D 打印机的方案。

1988 年美国的 3D Systems 公司生产出了世界上第一台现代 3D 打印机——SLA-250(液态光敏树脂选择性固化成形机),当 3D Systems 公司将 SLA-250 光固化设备系统运送给三个用户时,标志着 3D 打印设备的商品化正式开始,从此开创了 3D 打印技术发展的新纪元。

此后,涌现了几十种 3D 打印技术成形工艺:LOM、FDM、SLS、3DP……

3D 打印技术的产生是制造技术的又一次革命性突破。传统的机械制造中普遍采用受迫成形和去除成形两种加工模式,而 3D 打印技术创造性地采用了"先离散再堆积"的概念来制造零件。它的制造方式是不断地把材料按需要添加在未完成的零件上,直至零件制作完毕。制造方法是采用粘结、熔结、聚合作用或化学反应等,有选择地固化(或粘结、烧结)液体(或固体)材料,从而制作出所要求形状的零件。

## 1.2.2 3D 打印技术的发展

3D 打印技术顺应了现代工业从大规模批量生产转变为小批量个性化生产,产品的生命周期越来越短,同时对产品和外观设计水平的要求越来越高的需要。自从 20 世纪 80 年代产生以来,3D 打印技术有了长足的进步,目前已经能够在 0.01mm 的单层厚度上实现 600dpi 的精细分辨率,国际上较先进的产品可以实现 25mm/h 厚度的垂直速率,并可实现 24 位色彩的彩色打印。3D 打印技术在短短三十几年的时间里,已经从美国扩展到欧洲、日本和中国等国家和地区,并且为普通大众所熟知,其发展速度早已超过了 20 世纪 60 年代的数控技术发展的速度(图

1-2),对制造业产生了巨大的影响。但是由于技术、经济等因素的限制,3D 打印技术没有对现有生产模式产生质的改变。

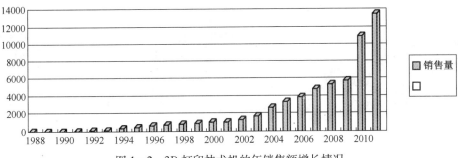

图 1-2　3D 打印技术机的年销售额增长情况

近几年间,美国总统奥巴马在"国情咨文"中多次提及 3D 打印,并筹划建立 3D 打印技术国家创新中心,旨在提升美国制造业的竞争力。主要发达国家纷纷开始布局,陆续出台了相关政策和投资发展计划,大力发展 3D 打印产业,以占领新工业革命的前沿阵地。从欧美各国最新的太空探索计划中,对 3D 打印技术相关项目的巨额资助也可以看到对其重视的程度。随着美国一系列制造业振兴计划的宣布,3D 打印技术作为其中制造业振兴的新技术而备受关注,据《国际增材制造行业发展报告》统计,2011 年 3D 打印技术在全球的直接产值已经达到 17.14 亿美元,比前一年增长了 29.1%。据美国权威杂志 2013 年统计,3D 打印行业产值增长 28.6%,达到了 22.04 亿美元,连续三年增长量超过了 20%。在中国,快速原形变身为 3D 打印,由一个冷门的名词变得家喻户晓,资本市场也看好其相关公司,推动其股价大涨。

**1. 国际情况**

美国和欧洲在 3D 打印技术的研发及推广应用方面处于领先地位,如图 1-3 所示。美国是全球 3D 打印技术和应用的领导者,欧洲十分重视对 3D 打印技术的研发应用。除欧美外,其他国家及地区也在不断加强 3D 打印技术的研发及应用。澳大利亚近期制定了金属 3D 打印技术路线;南非正在扶持基于激光的大型 3D 打印机器的开发;日本着力推动 3D 打印技术的推广应用……

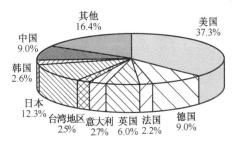

图 1-3　2004 年各国及地区的 3D 打印设备占比

国外的总体情况,从技术上来讲,已经从原型制造、工艺辅助等间接制造发展到直接制造,装备产业化、系列化向专业化发展,从科研到工业,高端型向办公和个人消费等大众化拓展。3D 打印设备已经从实验室和工厂逐步走出来,并且走进学校和家庭,与我们每个普通人的生活息息相关。3D 打印技术制造的衣服(图 1-4)和鞋子已经多次出现在全球各大秀场,3D 打印技术加工的饼干和蛋糕已经成为一些家庭餐桌上最受欢迎的小点心。从荧光笔到汽车轮胎,从人物雕像到无人机机翼,从台灯灯罩到建筑工程实物模型,从整形牙套到具有一定生理、生化功能的耳朵,从儿童在计算机上自行设计的 3D 怪物到 F-16 战斗机的零配件,从个性化的黄金珠宝到美国宇航局使用的火星探测车实物模型,3D 打印技术都可以实现,它就像神笔马良手中的笔,画什么就有什么。图 1-4、图 1-5 所示为 3D 打印技术制造的各种产品。

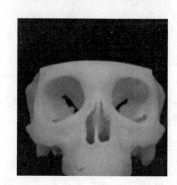

图 1-4　3D 打印技术制造的各种产品

  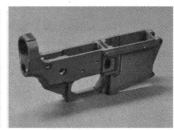

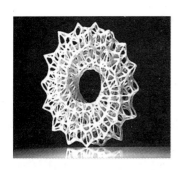

图 1-5　3D 打印技术制造的各种产品

目前在欧美发达国家,3D 打印技术已经初步形成了成功的商用模式,如在消费电子业、航空业和汽车制造业等领域,3D 打印技术可以以较低的成本、较高的效率生产小批量的定制部件,完成复杂而精细的制造。3D 打印技术应用增长迅猛的另一领域是个性化消费品产业,2012年 3D 打印技术服务的销售额达到 7 亿多美金,增长达到 42.2%,如纽约一家创意消费品公司Quirky 通过在线征集用户的设计方案,以 3D 打印技术制成实物产品并通过电子市场销售,每年能够推出 60 种创新产品,年收入达到 100 万美元。这种技术给传统产业、文化创意、医疗领域带来的间接的社会效益也是不可估量的。

目前,在全球 3D 打印机行业,无论系统(设备)研制、生产还是市场销售,美国均占据全球主导地位。其中 3D Systems 和 Stratasys 两家公司的产品占据了绝大多数市场份额。此外,在此领域具有较强技术实力和特色的企业/研发团队还有美国的 Fab@ Home 和 Shapeways、英国的Reprap 等,见表 1-1。当前,国际 3D 打印机制造业正处于迅速的兼并与整合过程中,行业巨头正在加速崛起。

表 1-1　3D 打印领域国际主要企业/研发团队及其技术优势和特色

| 主要企业/研发团队 | 技术优势和特色 |
| --- | --- |
| 3D Systems | 分辨率高达 600dpi;成形尺寸较大,可整体打印超大模型;全彩 3D 打印技术;熔融材料高分辨率选择性逐层喷射技术;工艺经济性、方便性较高 |
| Stratasys | FDM(熔副沉积成形)技术;逐层喷射,光敏固化技术;精细度高,能够建立光滑表面、细小特征和复杂形状;能够喷射第二种材料为所需形状建立支撑 |
| Fab@ Home | 低价家用 3D 打印机;开源的简易 3D 打印机设计方案 |
| Shapeways | 包括塑料、陶瓷在内的多种材质打印;在线 DIY 设计打印服务 |
| Reprap | 可自身复制的 3D 打印机;开源的软硬件技术资料 |

**2. 国内情况**

自 20 世纪 90 年代初以来,清华大学、西安交通大学、华中科技大学、北京航空航天大学、西北工业大学等高校,在 3D 打印技术方面开展了积极的研究和探索。清华大学在现代成形学理论、分层实体制造、FDM 工艺等方面都有一定的科研优势;华中科技大学在分层实体制造工艺方面有优势,并已推出了 HRP 系列成形机和成形材料;西安交通大学自主研制了 3D 打印机喷头,并开发了光固化成形系统及相应成形材料,成形精度达到 0.2mm;中国科技大学自行研制了八喷头组合喷射装置,有望在微制造、光电器件领域得到应用。我国已有部分技术处于世界先进水平。其中,生物细胞 3D 打印技术取得显著进展,已可以制造立体的模拟生物组织,为我国生物、医学领域尖端科学研究提供了关键的技术支撑;华东科技大学药物研究所利用上海富奇凡机电科技有限公司生产的 3D 打印机创造性地制作出具有复杂微孔和梯度的缓释药片;激光直接加工金属技术发展较快,可以满足特种零部件的机械性能要求,已成功应用于航空航天装备制造。激光直接制造技术成形大型钛合金结构件具有短流程、低成本的特性,应用前景广阔,该项技术引起了国内的高度关注。从 2001 年起,我国钛合金结构件激光快速成形技术的研究开始受到相关科技管理部门的高度重视,总装备部、国防科工局、国家自然科学基金委员会、国家"973"计划、国家"863"计划等主要科技研究计划,均将钛合金激光直接成形制造技术作为重点项目给予持续资助。在此背景下,王华明教授带领其科研团队以实现应用为目标,与沈阳飞机设计研究所、第一飞机设计研究院等单位展开紧密合作，经过持续十几年的艰辛努力，完成了"飞机钛合金大型复杂整体构件激光成形"技术成果。该成果在突破飞机钛合金小型次承力结构件激光快速成形及应用关键技术的基础上，突破了飞机钛合金大型复杂整体主承力构件激光成形工艺、内部质量控制、成套装备研制、技术标准建立及应用关键技术，制造出了迄今世界尺寸最大的飞机钛合金大型结构件激光快速成形工程化成套设备，其零件激光融化沉积真空腔尺寸达 4000mm×3000mm×2000mm，使我国成为迄今国际上唯一实现激光成形钛合金大型主承力关键构件在飞机上实际应用的国家，自 2005 年以来，已在七种飞机的机型的研制当中得到了应用。2005 年 7 月成功实现激光快速成形 TA15 钛合金飞机角盒、TC4 钛合金飞机座椅支座及腹鳍接头等 4 种飞机钛合金次承力结构件在 3 种飞机上的装机应用，零件材料利用率提高了 5 倍、周期缩短了 2/3、成本降低了 1/2 以上；2009 年，制造出我国自主研发的大型客机 C919 的主风挡窗框(图 1-6)，在此之前只有欧洲一家公司能够做，仅每件模具费就高达 50 万美元，而利用激光快速成形技术制作的零件成本不及模具的 1/10。

图 1-6　大型客机 C919 的主风挡窗框

在产业应用方面，目前依托高校成果和海归团队，深圳维示泰克、南京紫金立德、北京殷华、江苏敦超等企业已实现了 3D 打印机的整机生产和销售，部分公司生产的便携式桌面 3D 打印机的价格已具备国际竞争力，成功进入欧美市场。但是这些企业一般规模较小，国产 3D 打印机在打印精度、打印速度、打印尺寸和软件支持等方面与国外厂商同类产品相比尚处于低端，技术水平有待进一步提升。而另外一些中小企业成为国外 3D 打印设备的代理商，经销全套打印设备、成形软件和成形材料。在教学科研方面，我国有较多高校购买了 3D 打印设备，开展多个学科的教学和研究工作。在服务领域，我国东部发达城市已普遍有企业应用进口 3D 打印设备开展了商业化的 3D 打印服务，其服务范围涉及模具制作、样品制作、辅助设计、文物复原等多个领域，专门为相关企业的研发、生产提供服务。北京、西安、武汉、南京等地相继出现了 3D 打印照相馆，做人偶纪念品，并瞄准婚庆市场，受到年轻人的追捧。我国港台地区 3D 打印技术引入起步较早，技术应用更为广泛。

国际权威机构预测，3D 打印作为一个独立的生产技术，拥有 1.3 万亿美元的市场。我国虽然具有国际先进技术，但应用率却不高。快速制造领域国际权威报告《沃勒斯报告 2010》统计显示，全球投入使用的快速制造装备一半来自美国，我国产品销售量仅占全球 4.8%。而这并非技术和整体装备的质量问题,恰恰相反,我国在多项关键技术和装备大型化方面处于全球领先水平。

### 1.2.3 3D 打印技术的未来展望

虽然 3D 打印处于起步阶段,但 3D 打印市场已呈现出势如破竹的前景。据《国际增材制造行业发展报告》统计,2011 年 3D 打印在全球的直接产值已经达到 17.14 亿美元,比前一年增长了 29.1%。据预测,到 2015 年其市场规模将达 37 亿美元。加之互联网的普及以及微小而成本低廉的电子电路的广泛应用,在材料技术和生物技术取得日新月异进步的今天,技术和社会革新由此爆发。3D 打印正在形成一个集装备材料、软件服务等于一体的一个产业链。

随着智能制造的进一步发展成熟,新的信息技术、控制技术、材料技术等不断被广泛应用到制造领域,3D 打印技术也将被推向更高的层面。未来,3D 打印技术的发展将体现出精密化、智能化、通用化以及便捷化等主要趋势。

3D 打印机应该是制造业不断向智能制造演进的重要标志,可以称为第一代智能机器。智能制造可以分为三个阶段:控制物质的形状、控制物质的构成和控制行为。3D 打印正逐步从打印物体的外形过渡到打印物体内部构成,最终发展到可以打印物体的高级功能和行为的阶段。3D 打印技术与当今发达的电子技术相结合,再加上互联网的普及以及微小而成本低廉的电子电路的广泛应用,技术和社会变革将由此爆发。

3D 打印技术让产品的设计和制造的门槛变得几乎为零,使得广大普通用户得以轻松愉悦地成为创客,创造新工业革命的奇迹。首先,3D 智能数字化的不断发展,使得产品设计越来越简单,只要有想法,哪怕没有任何设计基础,也能将自己思维创意变成 3D 图纸。然后,3D 打印技术直接将你的图纸变成了产品,不再需要购置昂贵且难以操作的大机器,也不用担心自己不会操作车、铣、刨、磨等等各种专业的加工设备。创客们无尽的热情和无穷的创造力必将将 3D 打印技术推向一个又一个新的高度。

目前以及今后一段时间,3D 打印技术可能会加大以下几方面的研究和应用:提升 3D 打印的速度、效率和精度,开拓并行打印、连续打印、大件打印、多材料打印(不仅混合材料,而且创造出全新类型的材料)的工艺方法,提高成品的表面质量、力学和物理性能,以实现直接面向产品的制造;开发更为多样的 3D 打印材料,如智能材料、功能梯度材料、纳米材料、非均质材料及复合材料等;金属材料直接成形技术有可能成为今后研究与应用的又一个热点;3D 打印机的体积小型化、桌面化,成本更低廉,操作更简便,更加适应分布化生产、设计与制造一体化的需求以及家庭日常应用的需求;软件集成化,实现 CAD/CAPP/RP 的一体化,使设计软件和生产控制软件能够无缝对接,实现设计者直接联网控制的远程在线制造;拓展 3D 打印技术在生物医学、建筑、车辆、服装等更多行业领域的创造性应用等。图 1-7 为 MAM 系列微喷射式自由成形系统及其打印的产品,MAM 系列微喷射式自由成形系统不同于一般的快速成形机,它不必采用机器制造厂商限定品牌、形态和规格的成形原材料,可以采用用户自行设计或选择的成形原材料,而且这些原材料可以有不同的形态,因此有很强的通用性和适应性,能广泛用于各种工件的 3D 打印,特别是组织工程支架、功能梯度材料构件、功能电子器件和功能陶瓷器件等的自由成形。

3D 打印是依托多个学科领域的尖端技术。3D 打印技术的研究水平决定于人们对物质结构、材料和活性的智能控制水平,至少包括以下三个方面。

(1) 信息技术:要有先进的设计软件及数字化工具,辅助设计人员制作出产品的 3D 数字模

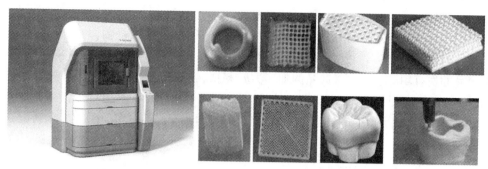

图 1-7　MAM 系列微喷射式自由成形系统及其打印的产品

型,并且根据模型自动分析出打印的工序,自动控制打印器材的走向。

(2) 精密机械:3D 打印以每层的叠加为加工方式。要生产高精度的产品,必须对打印设备的精准程度、稳定性有较高的要求。

(3) 材料科学:2012 年 3D 打印材料销售额是 4 亿多美元,主要以高分子材料为主。材料问题始终是 3D 打印的一个瓶颈问题,用于 3D 打印的原材料较为特殊,必须能够液化、粉末化、丝化,在打印完成后又能重新结合起来,并具有合格的物理、化学性质。特别是用于打印牙齿、骨头、心脏的生物活性材料,其性能的要求更为复杂。

3D 打印在创造无数新机会的同时,也带来了许多前所未有的问题和挑战。比如,3D 打印设备和 3D 打印产品的质量安全问题,3D 打印物品的版权和知识产权纠纷问题,3D 打印产品对公共安全和环境构成的威胁等,都需要人们去一一加以解决。

坦白地讲,3D 打印技术将会给中国产业经济带来一些直接的负面影响。一方面,随着中国制造业劳动力成本的上涨,基于 3D 打印技术和互联网平台的全球云制造模式将体现出更廉价、更便捷并且更绿色环保的优势,这将极有可能取代现有的中国制造模式。另一方面,3D 打印的广泛应用使得整个产品研发过程都可以在企业内部进行,这将使研发周期缩短并且很好地保护了设计方案。这对于大量依靠模仿而生存且缺乏原创设计力量的中国微小企业来说,无疑将是沉重的打击。我国正处在工业转型升级的重要时期,3D 打印技术的发展对我国既是重大机遇,又带来了挑战。中国政府已经着手对 3D 打印技术进行发展战略研究并对相关产业进行布局和规划,期望能够把握此次制造业转型改革机遇,成为世界 3D 打印产业强国。

## 1.3　3D 打印技术的应用

3D 打印机在工厂诞生,已走进了学校、企业、医院、家庭、厨房甚至时尚 T 台。因此 3D 打印技术的应用领域十分广泛,遍及各个领域,如工业制造(包括航空航天、汽车、机械、电子、电器等)、医疗与生物工程、文化创意、教育、食品、时尚等。归结起来,3D 打印技术的应用主要有三个基本方面:原型制造、模具制造和直接制造。

### 1.3.1　应用归类

**1. 快速原型**

原型(prototype)是指用于开发未来产品或系统的初始模型,主要包括物理模型和分析模型。物理模型是指产品有形实体近似或直接的表示,它是实际存在的,可以进行测验和试验,在视觉和触觉上都类似于产品;分析模型是指产品的非有形表示,可以是图像、方程、仿真程序等。

原型在表面质量、色彩等方面具有产品的特征,能代表产品的特定性质,但还不具备或不完全具备产品的所有功能。与成形产品的加工方式相似,物理模型制造大致可以分为四类:净尺寸成形(net forming)、去除材料成形(dislodging forming 或 subtracted forming)、生长成形(growth forming)和添加材料成形(adding forming)。3D 打印技术采用添加材料成形方式来制造原型,方便快捷,故称为快速原型。快速原型是 3D 打印技术应用最早的一个方面,所以最初 3D 打印技术也就称为快速原型。快速原型的材料多为石膏、光敏树脂、塑料、无机粉料等非金属材料。使用这些材料制作的产品功能性不强,但是可以利用它在新产品试制的过程中进行观感评价、装配校核、功能测试、可制造性检查、CAD 数据检查等,这几个方面的应用至今仍然占据着较大的需求,图 1-8 所示为传统与应用 3D 打印技术的新产品开发过程对比图。快速原型的技术优势

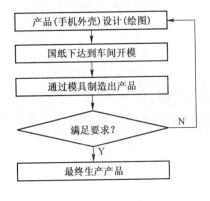

传统的新产品开发过程　　　　　　应用快速原型技术的新产品开发过程

图 1-8　传统的新产品开发过程与应用 3D 打印技术的新产品开发过程对比图

在于让企业新产品开发周期大大缩短,从而节约开发成本,提高企业市场竞争力。当然,随着 3D 打印技术商业化程度的提高,公众将自己的创意或者设计利用桌面打印机或者通过专业的服务厂商打印出来,用于评估自己的创意和设计(图 1-9),也同样归属于快速原型这一范畴。

(1)观感评价:很多产品特别是家电、汽车、珠宝等对外形的美观和新颖性要求极高。快速原型机能迅速地将设计的 CAD 模型高精度地"打印"出来,为设计者、产品评审决策者和用户提供直接、准确的模型,从而大大提高产品设计和决策的可靠性,也便于产品的推销。图 1-10 所示为戒指样件和鼠标样件。

(2)装配校核:装配校核和干涉检查对新产品开发,尤其是对在有限空间内的复杂系统的可制造性和可装配性检验是极为重要的,如导弹、卫星系统。

图 1-9　建筑模型

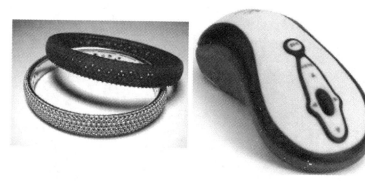

图 1-10　戒指样件和鼠标样件

在投产之前,先用快速原型技术制作出全部零件原型,进行试安装,验证设计的合理性和安装工艺与装配要求,若发现有缺陷,便可以迅速、方便地纠正,使所有问题在投产前得到解决。图 1-11 所示为用 3D 打印的原型件检验装配关系。

图 1-11　用 3D 打印的原型件检验装配关系

（3）功能测试:也称功能检测,设计者可以利用原型,快速进行功能测试,以判明是否最好的满足设计要求,从而优化产品设计,如风扇、风鼓等的设计可获得最佳的扇叶曲面、最低噪声的结构等。3D 打印还可用于 CAD 数据检查、可制造性检查和反求工程等。

**2. 快速模具**

在现代制造业中,模具制造仍占据相当重要的地位。将快速原型技术应用于模具制造就是快速模具,它是一种快捷、低成本制作模具的一种新兴技术。

工具和模具具有一个巨大的市场,世界范围内已经达到 650 亿美元产值的水平。这个市场对于模具的要求是全面的,如精度、材料、寿命、尺寸、形状复杂程度及快速性。由于市场全球化及竞争的加剧,模具市场对于模具技术最重要的、带有先决性的要求是其快速性。

快速模具技术就是以快速原型技术制造的快速原型零件或者其他途径获得的零件为母模,采用直接或间接的方法,实现硅橡胶膜、金属模、陶瓷模等模具的快速制造。

快速模具技术是快速原型技术的延伸,并进一步扩大了快速原型技术的经济效益。该技术对于基本完成了新产品开发和原型制作的产品及时进行小批量快速制造,以便于进行产品小批量试制、市场展示,以及进行年生产批量有限的较大型产品覆盖件成品生产,都具有十分积极的意义。

图 1－12 所示为通过快速模具技术制造出来的电子产品的注射模。

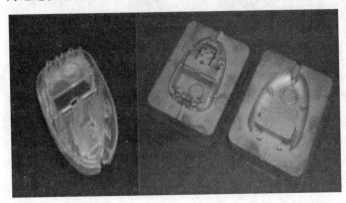

图 1－12　鼠标外壳注射模

快速模具技术具有如下基本特点：

第一，制造周期短，快速。应用快速模具技术的模具制造周期为传统的数控切削方法的 1/5~1/10。一家位于美国芝加哥仅有 20 名员工的模具供应商声称，车间在接到客户 CAD 文件后一周内可提供制作任意复杂的注塑模，而实际上 80% 的模具可以在 24~48h 内完工。

第二，成本低。应用快速模具技术的模具成本仅为传统的数控切削方法的 1/3~1/5。

第三，模具的复杂程度和成本无关。快速模具技术特别适合复杂模具的制造，模具的几何复杂程度越高，经济效益越显著。

**3. 直接制造**

直接制造是指直接加工能够应用的一个产品。由于所使用的材料的限制，最初 3D 打印能够制造并能够直接使用的产品主要是各类模型，如医学模型（图 1－13）、生物模型（图 1－14）及艺术模型（图 1－15）等。除了用作模型，还可用作玩具、饰品、服装等日常用品，电影里复杂的道具、科幻人物，可以骑行的自行车，可以击发的枪支，骨骼、牙齿、具备一定生理生化功能的肝脏，等等，这些具体的应用现在都是现实，而不是幻想，目前都可以直接用 3D 打印创造出来，如图 1－4、图 1－5 所示。

图 1－13　颌面骨修复手术

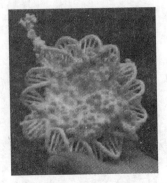

图 1－14　生物模型

目前，非金属材料、金属材料、复合材料等各类工程材料都可以用来打印。利用 3D 打印技术直接成形金属零件一直是人们的目标，也是近年来研究的热点之一。粉末材料选择性烧结工艺可以将金属粉末烧结成金属零件，但是由于原型表面粗糙疏松，即使经过高温烧结、热静等

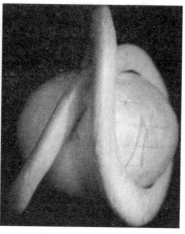

图 1-15 艺术模型

压、浸渍等后处理,在强度和精度上也很难达到理想的效果。在粉末材料选择性烧结工艺基础上,人们利用激光束、电子束等高能量密度的光束为加工手段直接成形制造金属零件,已经取得了很好的效果。激光直接制造技术成形大型钛合金复杂整体构件具有短流程、低成本的特性,比如,利用 3D 打印技术制造的国产大飞机 C919 钛合金中央翼缘条(图 1-16),长达 3m。2010年,利用激光直接制造 C919 的中央翼根肋,传统锻件毛坯重达 1607kg,而利用激光成形技术制造的精坯重量仅为 136kg,节省了 91.5% 的材料,并且经过性能测试,其性能比传统锻件还要好。

图 1-16 利用 3D 打印技术制造的国产大飞机 C919 钛合金中央翼缘条

## 1.3.2 应用领域

据 2001 年 Wohlers Associates Inc 对 14 家 3D 打印系统制造商和 43 家 3D 打印服务机构的统计,对 3D 打印需求的行业如图 1-17 所示。从图中可以看出,日用消费品和汽车

13

行业对 3D 打印的需求占整体需求的 50% 以上,医疗行业的需求增长迅速,其他的学术机构、宇航和军事领域对 3D 打印的需求也占有一定的比例。下面主要介绍几个目前应用较为广泛的领域。

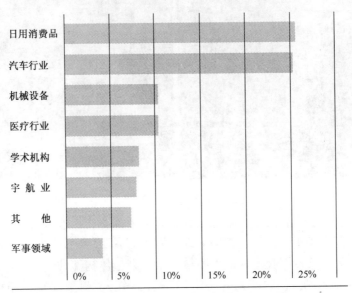

图 1-17 对 3D 打印需求的行业

### 1. 在工业制造领域的应用

1)汽车行业

3D 打印技术应用效益较为显著的行业为汽车制造业,世界上几乎所有著名的汽车制造商都较早地引用 3D 打印技术辅助其新车型的开发,取得了显著的经济效益和时间效益。

德国的宝马公司采用 3D 打印技术,提高手持装配工具的人体工程学效果,提高了生产率、工人的操作舒适度和工艺的可重复性。例如,某一款车型的安装用手持装置采用内部薄肋结构代替原有的实心结构,质量降低了 1.3kg,改善了其手持舒适度,减轻了质量并提高了其平衡性。

日本丰田公司采用 3D 打印技术制作轿车右侧镜支架和四个门把手的母模,通过快速模具技术制作产品而取代传统的 CNC 制模方式,使得 2000 Avalon 车型的制造成本显著降低,右侧支架模具成本降低 20 万美元,四个门把手模具成本降低 30 万美元。

韩国现代汽车公司采用了美国 Stratasys 公司的 FDM 3D 打印系统,用于检验设计、空气动力评估和功能测试。现代汽车公司自动技术部的首席工程师 Tae Sun Byun 说:"空间的精确和稳定对设计检验来说是至关重要的,采用 ABS 工程塑料的 FDM Maxum 系统满足了这两个要求,在 1382mm 的长度上,其最大误差只有 0.75mm。现代公司计划再安装一套 3D 打印系统,并仍将选择 FDM Maxum,该系统完美地符合我们的设计要求,并能在 30 个月内收回成本。"图 1-18 为韩国现代汽车公司采用 FDM 工艺制作的某车型的仪表盘。

2)航空航天领域

航空航天制造领域一般为单件、小批量生产,材料价格贵、产品要求高、形状复杂,采用传统制造工艺,成本高、周期长。借助 3D 打印技术制作模型进行试验,直接或间接制作产品,具有显著的经济效益和时间效益。

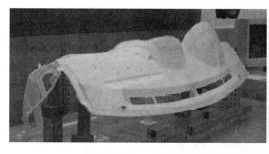

图 1-18　韩国现代汽车公司采用 FDM 工艺制作的某车型的仪表盘

航空航天零件往往是在有限空间内运行的复杂系统,SLA 模型可以直接用于风洞试验,进行可装配性检验、可制造性讨论评估,确定最佳的合理制造工艺。通过快速熔模铸造、快速翻砂铸造等辅助技术进行特殊复杂零件的单件、小批量生产,如涡轮、叶片、叶轮等,并进行发动机等部件的试制和试验。如图 1-19 所示为 SLA 技术制作的叶轮模型。

航空领域中发动机上许多零件都是用精密铸造的方法来制造的,对于高精度的木模制作,传统工艺成本极高且制作时间很长。采用 3D 打印技术,可以直接由 3D CAD 数字模型制作熔模铸造的母模,时间和成本显著降低。短短数小时之内,就可以由 CAD 数字模型得到成本较低、结构又十分复杂的用于熔模铸造的 3D 打印的母模。图 1-20 所示为基于 SLA 技术采用熔模铸造方法制造的某发动机的关键零件。

图 1-19　SLA 技术制作的叶轮模型　　　　　图 1-20　某发动机的关键零件

利用 3D 打印技术可以直接加工航空航天用零部件。据某一为航空航天业提供零部件的公司统计,采用 3D 打印技术使得零部件本身制作成本降低 50% ~ 80%,制造时间减少 60% ~ 90%,模具制作时间和成本降低 90% ~ 100%,一方面节省了模具制作的成本和时间,另一方面优化后复杂结构的制作也容易实现。

3)电器行业

随着消费水平的提高及追求个性化生活方式的消费者日益增多,电器产品更新换代的频率越来越高。不断改进的外观设计以及因为功能改变而带来的结构改变,都使得电器产品外壳零部件的快速制作具有广泛的市场需求。图 1-21 所示为在电器产品的开发中采用 3D 打印技术制作的几个外壳件的原型。

图 1-21　电器产品外壳原型

**2. 在医学及生物工程领域的应用**

3D 打印技术在医学及生物工程领域的应用十分活跃,且前景充满想象。目前 3D 打印技术已经在以下几个方面得到应用。

1) 辅助外科手术规划

CT/MRI 扫描技术在医院应用十分普遍,已经成为医生诊断病情和确定手术方案的重要手段。这些医学图像是人体器官的一组二维截面(切片),由于病人缺乏专业知识,难以根据器官的这样一组二维截面想象出真实实体的形貌来理解病情,因此医生要想通过 CT 或 MRI 图像向病人解释病情并非易事。对于经验不足的年轻医生,要根据 CT 或 MRI 图像准确判断病情也有一些困难。借助 3D 打印技术,可以将 CT 或 MRI 图像变成真实的立体模型,无疑对医生判断病情,以及向病人解释病情都有很大的帮助,有朝一日,3D 打印机将成为 CT/MRI 扫描仪的输出设备。利用 3D 打印成形的病人器官的真实立体模型,医生可以直观地讨论手术方案,并在模型上预先模拟手术的操作过程,从而为完善和确定手术方案提供依据。

图 1-22 所示为 Ola L. A. Harrysson 等人利用 3D 打印的模型,以一只腿骨变形的犬科动物为研究对象,进行校正手术的规划和模拟。图 1-22(a) 为 3D 打印制作的模型,图 1-22(b)、(c)为根据模型制定的校正支架。

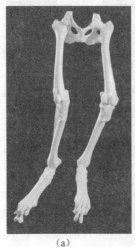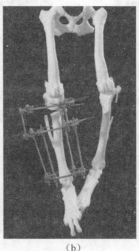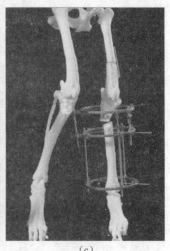

(a)　　　　　　　　　　(b)　　　　　　　　　　(c)

图 1-22　利用 3D 打印的模型进行校正手术的规划和模拟

2）设计和制作可植入假体

假体（又称内植物或植入物）一般采用金属、塑料或陶瓷等材料,用铸造、锻造、冲压、切削加工或模压、烧结等工艺加工而成。假体很少针对特定病人个性化定制,往往购买制造厂的标准系列化产品。手术之前,医生只能通过医学图像提供的信息准备一些大致类似的假体。手术时,再从这些准备好的批量生产的产品中选择最为接近的,如果出现假体不协调的情况,如形状、尺寸差异较大,则由医生在现场对假体临时进行调整。显然,这种做法效果不一定理想,也增加了病人的痛苦。

3D 打印技术可以根据特定病人的需要,专门定制精确的个性化假体,取得了良好的效果。图 1-23 是比利时和荷兰的科学家利用 3D 打印技术制成的首个完整的钛基下颚,此下颚已成功装在了一位 83 岁的老妇身上。

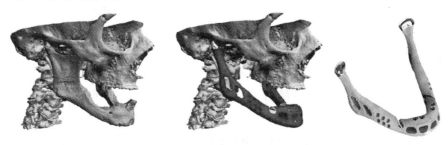

图 1-23　激光烧结 3D 打印钛基下颚

3）缓释药物的制作

缓释药物是 20 世纪 90 年代出现的一种片剂,它通过控制药物释放的时间、位置和速率,改善药物在体内的释放、吸收、分布代谢和排泄过程,从而达到延长药物作用、减少药物不良反应的目的。制作可控缓释药物的一种方法,是先将生物兼容、可水解的基质（赋形剂）做成由许多微小蜂窝构成的片状物,然后在蜂窝中放置不同剂量、不同种类的药物或生物活性剂等（图 1-24）。这种药片可以是口服式或移植式,当病人吞咽这种药片或将其移植到病灶附近后,一段时间内,在体液的作用下,各个小蜂窝的壁部逐步溶解,蜂窝中的药物逐步释放而发挥药效（图 1-25）。由于蜂窝

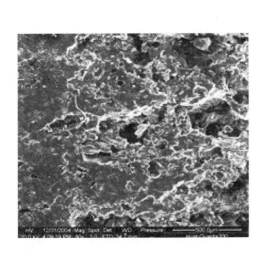

图 1-24　控制释放药片的扫描电镜照片

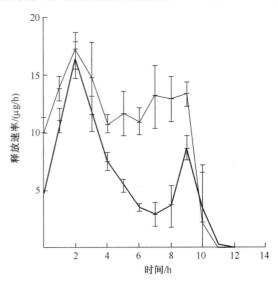

图 1-25　药物释放速率—时间关系曲线

的数量、孔隙、几何结构和壁厚可以不同，还可以嵌入障碍物（如多重壁）；蜂窝的排列方式多种多样；蜂窝中放置的药物剂量和品种也可以不同，因此，借助这些因素的不同组合，即可在一定的期限内，按照预定的时间，向不同的方位逐步可控地释放预定浓度、预定品种的药物。

利用 3D 打印机可以方便地制作可控缓释药物，原因有两点：首先，能按照预定的药物剂型设计，形成非常复杂的 3D 精细微孔结构；第二，能按照预定的空间位置将一种或多种药物准确地进行灌注，且在成形的过程中不发生任何化学反应和热反应。利用 3D 打印机制作可控缓释药物时，能有效地使其在结构和成分两个方面形成 3D 梯度特征。

4）组织工程支架制作

组织工程支架制作虽然起步的时间不长，但是生物活性仿生制造的确是 3D 打印技术出人意外又极具吸引力和想象力的一个应用。目前人们能够做的是成形组织工程需要的支架，用于生物活性细胞在支架间隙中的培养（图 1－26）。组织工程的基本原理是从机体获取少量的活体组织，用特殊的酶或其他方法将细胞（又称种子细胞）从组织中分离出来在体外进行培养扩增，然后将扩增的细胞与具有良好生物相容性、可降解性和可吸收的生物材料（支架）按一定的比例混合，使细胞黏附在生物材料（支架）上形成细胞-材料复合物；将该复合物植入机体的组织或器官病损部位，随着生物材料在体内逐渐被降解和吸收，植入的细胞在体内不断增殖并分泌细胞外基质，最终形成相应的组织或器官，从而达到修复创伤和重建功能的目的。

   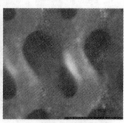

（a）支架照片　　　　（b）扫描电镜图　　　　（c）SEM图　　　　（d）植入细胞并培养
　　　　　　　　　　　　　　　　　　　　　　　　　　　　　　　　　　一天后的显微镜图

图 1－26　SLA 技术制作的聚乳酸支架

5）细胞打印

细胞打印（cell printing），又称为器官打印（organ printing）或者生物打印（biopr inting），是近年出现的无支架构造 3D 多细胞体系/器官的先进技术。细胞打印时，将生物墨水——细胞（或细胞聚集体）与水凝胶的前驱体（为细胞提供生长和固定的环境，细胞在凝胶中可迁移、生长）同时置于打印机的喷头里，由计算机控制含细胞液滴的沉积位置，在指定的位置逐点打印，在打印完一层的基础上继续打印另一层，层层叠加形成 3D 多细胞/凝胶体系。

与传统基于支架的组织工程技术相比，细胞打印的优势主要有：同时构建有生物活性的 3D 多细胞/材料体系；能在空间上准确沉积不同类别的细胞；能构建细胞所需的 3D 微环境。

目前，细胞打印的主要技术有：喷墨式打印、机械压挤式打印、电喷射式打印和激光诱导式打印。

对于 3D 打印在医学领域的应用，有人提出了一个"3D 打印生命阶梯"的预想，无生命的假肢位于阶梯的底层；中间是简单的活性组织，如骨与软骨；简单组织之上将是静脉和皮肤；最靠近阶梯顶层的将是复杂且关键的器官（如图 1－27），如心脏、肝脏和大

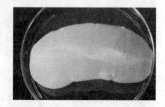

图 1－27　3D 打印的器官

脑;而生命阶梯的顶层将是完整的生命单位。

细胞打印的革命之处在于,不仅可以制造和人类功能相似的器官,更可超越人类器官原有的功能。继制造出有触觉的生物人耳(不止是装饰性的模型)之后,科学家又利用 3D 打印机创造了一只耳朵,能够听到超过人耳听力范围的无线电频率。因此,细胞打印未来将逐渐从仿生演化到替代、升级,极大地推进人类自身的快速进化。

**3. 在建筑业、食品加工业和时尚业的应用**

1) 3D 打印建筑模型、建筑构件

模型是 3D 打印最初的应用范畴,在建筑业,概念模型、销售模型、地形模型、结构模型均可实现。图 1-28 为 3D 打印的迪拜公寓楼建筑模型。

图 1-28　3D 打印的迪拜公寓楼建筑模型

意大利工程师 EnricoDini 是成功制造 3D 打印机用以打印房屋的第一人,其打印的房屋如图 1-29 所示。

目前人们通常通过 3D 打印建筑构件(图 1-30),进行吊装,来实现房屋的 3D 打印。如图 1-31 为苏州盈创新材料公司 3D 打印的一幢约 1100m² 的别墅,从打印材料到"组装"成房子,仅仅需要 1 个月左右的时间,节约建筑材料 30%～60%,工期缩短 50%～70%,节约人工 50%～80%,建筑成本可至少节省 50%,且其防震效果和保温效果都会增强。综合来看,3D 打印的房屋价格要比普通建筑住宅便宜一半。

图 1-29　意大利工程师
EnricoDini 打印的房屋

图 1-30　3D 打印的建筑构件

图 1-31　苏州盈创新材料公司 3D 打印的一幢别墅

　　打印这些建筑的打印机高 6.6m、宽 10m、长 32m,底面占地面积相当于一个篮球场。3D 打印建筑机器用的"油墨"原料主要是建筑垃圾、工业垃圾和矿山尾矿,另外的材料主要是水泥和钢筋,还有特殊的助剂,被人们称为"吃进去城市建筑垃圾或沙漠,吐出来美丽的房子"。

　　2) 3D 打印食品

　　3D 打印进入厨房可以实现食物的个性化制作。不止形状、颜色、温度可以自由选择,食品打印机的使用者还能准确地控制食物的热量、营养成分(例如脂肪、蛋白质、碳水化合物含量等)、质量和口味,实现医疗和美食的组合。

　　康奈尔大学研制的 Fab@ Home 3D 食品打印机填充黏液状的原材料,然后注射器喷射成形,成功地制作出曲奇饼干、奶油蛋糕、巧克力等食品,图 1-32 为 Fab@ Home 打印的巧克力食品。

　　麻省理工学院设计了一种家用食品打印机,其思路是将不同的食品原料储存在打印机上面不同的罐子里,从互联网下载菜谱并输入代码到此打印机,然后启动打印机,各种原料按照指令从不同的喷头中精确定量地挤至托盘中,形成所喜爱的食物,这种打印机还设有使食物加热/冷却装置。图 1-33 为一款家用食品打印机。

　　3) 3D 打印时尚品

　　3D 打印正越来越多地被时尚界关注。

　　(1) 时装的 3D 打印

　　纽约设计师 Michael Schmidt 和建筑师 Francis Bitonti 与 3D 打印专家 Shapeways 合作,为女星 Dita Von Teese 设计了第一件全铰链式 3D 打印礼服。这件未来主义风格的黑色长礼服(如图 1-34(g))是由 17 个独立构件拼接而成的,有将近 3000 的独特的铰链接头并装饰了 13 000多个施华洛世奇水晶。这件作品向我们展示了 3D 技术的又一可能性,我们可以根据特定人的要求,设计定制一件复杂的、拥有布料质感的礼服。

图 1-32　Fab@ Home 打印的巧克力

图 1-33　一款家用食品打印机

最初,3D 打印高跟鞋往往用色抢眼、造型前卫,但舒适度不好,算作艺术品更为合适(图 1-34(c))。为了更好地运用这项强大的新技术来造福大众,设计师 Earl Stewart 携手足科医生开启一项名为"XYZ shoe"的项目,借助 3D 打印技术的快速制造和个性化定制功能,开发出真正贴合双脚的新型鞋履。据悉,设计师首先将对顾客的足部进行扫描,然后把得出的精确数据传送至 3D 打印机,并且在加强了生物力学性能和对稳定性、舒适度的调整之后,制作出可灵活弯曲兼附有特殊纹理的专属平底鞋(图 1-34(d)、(e))。

图 1-34(b)为 Kipling 推出的全球首款 3D 打印弹力包袋。图 1-34(a)为 3D 打印的首饰。

(2) 灯具的 3D 打印

红色的莲花之灯(图 1-35(e))是 Anne Kyttänen 的设计作品,精致而优雅。它们首次在伦敦设计周上亮相,便吸引全球无数好奇的目光,成为 3D 打印领域革命性的设计。

会开花的桌灯(图 1-35(d))以花朵绽放为灵感,法国设计奇才 Patrick Jouin 设计了 Bloom—会开花的桌灯。这一设计的复杂性将 3D 打印技术提升到新的高度,并使其获得红点设计奖。

可平面可立体的光影灯(图 1-35(a)):跨学科设计公司 Dror 应用"正方形划分几何"原理创造了 Volume. MGX 台灯,可从完全扁平的形态变为立方体形状。当光源从内部点亮时,温暖的光线即刻散发出来,展现为奇幻的光影。

张扬诡异的人体灯(图 1-35(f)):张扬而诡异的 Damned. MGX 枝形吊灯是荷兰建筑师 Luc Merx 的杰作,它所展现的是被诅咒的堕落至地狱之人。互相缠绕的裸体人群盘旋其上,形式丰富而浮夸。其结构浑然天成,没有任何接缝,绝非传统生产技术所能制造。

智能艺术灯(图 1-35(c)):飞利浦公司推出的一款 3D 打印智能艺术灯。这款产品具备 1600 万种色彩变化效果,并支持通过相关应用进行控制。用户可以根据一天中的不同时段和个人喜好来对它们进行照明设置。售价为四千余美元,已在 Meethue. com 网站上销售。

(3)家具的 3D 打印

来自德国的初创公司 4 AXYZ 开发出了一种 3D 打印实木家具的方法,可以让消费者在数日内就能获得个性定制的、经济实惠的、高品质实木家具(如图 1-36(e))。4 AXYZ 3D 设备采用分层增材制造的方法打造 3D 木材。它的工作原理是把均匀切割的小木块通过一个特殊的结合工艺逐层固定在一起。4 AXYZ 还有一个独具特色的技术是为家居自动化

图 1-34　3D 打印的服饰

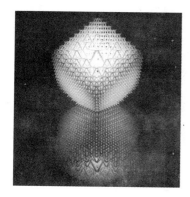

a

b

c

d

g

f

e

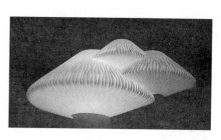

图 1-35　3D 打印的灯饰

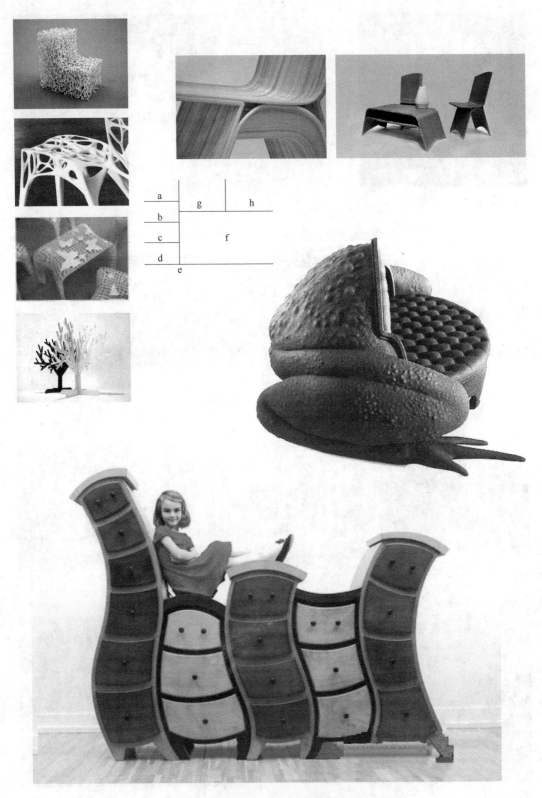

图 1-36　3D 打印的家具

打印"智能木头"(smart wood)。4 AXYZ 可以在增材制造木材对象时在里面嵌入电子设备、传感器和导电金属,使其更聪明。例如,他们可以打印出一种"智能"窗户,这种窗户内部嵌入了可以检测大气或温度变化的传感器。窗户可以与恒温器连接起来,并可通过手机上的应用程序远程控制。

　　在巴黎举办的创客嘉年华上,一家名为 Drawn 的公司展示了他们全 3D 打印的家具(如图 1-36(g)、(h))以及打印这套家具的 3D 打印机(如图 1-37)。从这些 3D 打印的家具外观看,其表面层的质量非常均匀。每层显得十分流畅和一致。当然,就像其他基于 FDM 的 3D 打印技术一样,这些家具逐层堆积形成的一圈圈纹路十分明显。但 Drawn 很自然地把这些纹路作为设计的一部分,使得这些家具独特而醒目。

图 1-37　3D 打印的家具以及打印这套家具的 3D 打印机

(4) 艺术品的 3D 打印

微米级的微雕作品(图 1-38(c)):维也纳工业大学展示了一种经过改良的 3D 打印技术,能被用来打印微雕作品。该作品是微米级别的微型 F1 赛车模型,$330\mu m \times 130\mu m \times 100\mu m$,如一粒沙般大小。

全球首度拍卖的 3D 打印艺术品(图 1-38(e))　这款名为《ONO 之神》的 3D 打印作品,是一个造型奇异的神像雕塑,服饰上点缀有互联网和科技等元素。新媒体艺术家吕东源阐述了他创作这款 3D 打印作品的初衷。艺术家以此轻松戏谑的方式,向"开放、对等、协作"的互联网精神致敬。从打印到成形,作品仅用了 10 多个小时,材料选用的是环保可降解的聚乳酸 PLA 材料,由玉米中提取,材料强度和稳定性也十分优异。作品还经过人工处理、抛光、上色等多道后期处理环节,总的成本约在 5000 元左右。

iPhone 贝壳音箱(图 1-38(g)):在那款 iPhone 骷髅保护壳之后,Kickstarter 上又出现了这款同样为 3D 打印制作出来的交响乐贝壳(Symphony Shells),这款海螺形状的工艺品是专门为 iPhone 量身打造的,它本身奇特独有的外形是根据黄金比例设计出来的,并巧妙运用空间原理将 iPhone 播放的声音放大数倍。由于构造比较复杂,所以这款贝壳音响只能通过 3D 打印的方式才能精确地制造出来,并且可以根据顾客的需求任意定制自己喜欢的颜色,打造专属的贝壳,价格为 165 美元,约 1027 元人民币。

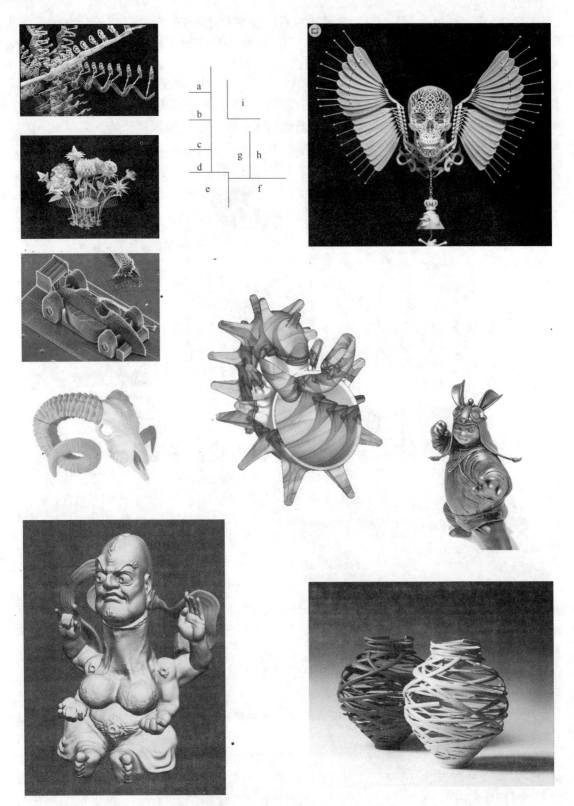

图 1-38　3D 打印的工艺品

图 1－38d 为 3D 打印的公羊的头骨，1－38h 为 3D 打印的功夫兔游戏人物像，1－38i 为 3D 打印的人骨艺术品。

## 复习思考题

1. 3D 打印技术的概念是什么？谈谈你对 3D 打印技术的理解。

2. 3D 打印技术与快速原型、增材制造、自由成形等技术的关系如何？

3. 3D 打印技术的产生过程对你有何启示？请你从中总结出一种创新的方法。

4. 3D 打印技术主要应用在哪几个方面？其中最为复杂、流线最长的是哪一种？

5. 快速原形技术的基本特点是什么？优缺点各有哪些？

# 第 2 章

# 3D CAD 建模技术

**实习教学基本要求:**

(1) 了解 3D CAD 建模技术的概念、类型和方式。

(2) 了解常见的 3D 建模软件。

(3) 掌握 Creo Elements/Pro 5.0 的草绘方法。

(4) 掌握 Creo Elements/Pro 5.0 的基本建模方法。

(5) 通过示例及 Creo 的帮助文档了解工程特征的建立方法。

(6) 会使用 Creo Elements/Pro 5.0 绘制简单 3D 实体零件图。

## 2.1 概　　述

3D 打印技术依赖于 3D CAD 模型,3D CAD 建模技术是 3D 打印的关键技术之一。

### 2.1.1 概念

我们身在一个 3D 的世界中,3D 的世界是立体的、真实的。同时,我们处于一个信息化的时代里,信息化的时代是以计算机和数字化为表征的。随着计算机在各行各业的广泛应用,人们开始不满足于计算机仅能显示二维的图像,更希望计算机能表达出具有强烈真实感的现实 3D 世界。3D 建模可以使计算机做到这一点。

在计算机上建立完整的产品 3D 数字几何模型的过程,称为 3D 建模,也称作 3D 造型。3D 数字几何模型,简称 3D 模型,它形象、逼真,不仅具有完整的 3D 几何信息,而且还有材料、颜色、纹理等其他非几何信息。除了不可触摸,3D 数字模型与真实的物体没有什么不同。人们可以通过旋转模型来模拟现实世界中观察物体的不同视角,通过放大、缩小模型,来模拟现实中观察物体的距离远近,仿佛物体就在自己眼前一样。3D 模型是现代设计、现代制造的核心,计算机辅助设计(CAD)、计算机辅助制造(CAM)、计算机辅助工程分析(CAE)等技术必须建立在 3D 模型的基础之上。以 3D 模型为基础,可以进行运动学和动力学分析、干涉检查、生成数控加工程序,当然也可以生成 STL 格式的文件,用于 3D 打印。

20 世纪 60 年代,CAD 研究界提出了用计算机表示机械零件 3D 形体的构想,以便在一个完整的几何模型上实现零件的质量计算、有限元分析、数控加工等。经过多年的努力探索和多种技术途径的实践验证,这一思想终于成熟起来,形成了功能强大、使用方便的实用软件,并且代表了当代 CAD 技术的发展主流。根据 3D 建模在计算机上实现技术的不同,3D 建模可以分为线框建模、曲面建模和实体建模三种类型,其中实体建模又衍生出一些建模类型,如特征建模、参数化建模等。

　　线框建模是利用基本线素来定义产品的棱线部分而构成立体框架图的过程。由这种方法生成的线框模型由一系列的直线、圆弧、点及自由曲线组成,描述的是产品的轮廓外形。线框建模结构简单、存储的信息少、运算简单迅速、响应速度快,它是曲面建模和实体建模的基础。但是线框建模所建立起来的模型不是实体,只能表达基本的几何信息,不能有效地表达几何数据间的拓扑关系,图 2-1(a)所示。当对象形状复杂、棱线过多时,若显示所有棱线将会导致模型观察困难,引起理解错误。对于某些线框模型,人们很难判断对象的真实形状,会产生歧义,即"二义性"问题,如图 2-1(a)所示中的线框模型就不止有如图 2-1(c)所示实体模型一种可能。

　　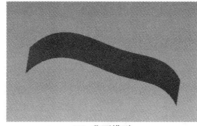　　

　　　（a）线框模型　　　　　　　　（b）曲面模型　　　　　　　　（c）实体模型

图 2-1　3D 几何模型的基本类型

　　曲面建模又称为表面建模,与线框建模相比,除了具有点、线信息外,还添加了面的信息。常常利用线框功能,先构造一个线框图,然后用曲面图素建立各种曲面模型,可以看作在线框模型上覆盖一层外皮,使几何形状具有了一定的轮廓曲面。曲面建模更强调基于曲线曲面的描述方法来构成曲面模型,如图 2-1(b)所示,可以对物体作剖面、消隐等操作,并获得 NC 加工所需要的表面信息。曲面模型缺乏几何形状体积的概念,就像一个几何体的空壳。曲面建模的主要特点包括:

　　(1)适合复杂型腔模具的造型,但与实体建模相比,造型较复杂,操作步骤较繁锁。

　　(2)有表面信息,可以计算加工轨迹,因而大多数 CAM 系统可以基于曲面造型技术。

　　(3)曲面模型可以产生具有真实感的物体图像。

　　(4)物体表面边界相互间没有联系,无法区分物体的内外,无法对物体进行分析计算。

　　曲面建模广泛应用于 3D 形体的几何外形设计,特别是一些具有复杂外形的物体,如飞机、汽车、船舶、叶轮、家用电器、服装、皮鞋等,同时还用于山脉、水浪、云彩的自然景观模拟,地形、矿藏、石油分布的地理资源描述,人体外貌和内部器官扫描的数据重构,科学计算中的应力、应变、温度场、速度场的直观显示。

　　实体建模是通过实体及其相互间的关系来表达物体的几何形状,完整地定义 3D 物体的体、面、边和顶点的信息的过程。SDRC 公司于 1979 年发布了世界上第一个完全基于实体造型技术的大型 CAD/CAE/CAM 软件——I-DEAS。实体模型的几何信息完整,可以表达真实而唯一的 3D 物体,如同在表面模型的几何体中间填充了材料,使之具有重量、密度等特性,因此实体建模在产品设计、物性计算、3D 形体的有限元分析、运动学分析、建筑物设计、空间布置、NC 计算、部件装配、机器人、电影动画与特技等方面都得到了广泛的应用。

线框模型、曲面模型和实体模型只是提供了 3D 形体的几何信息和拓扑信息,因此建立这三种模型的过程称为产品的几何建模或 3D 几何建模。但是产品的几何模型尚不足以驱动产品生产周期的全过程。例如,计算机辅助工艺设计不仅需要由 CAD 系统提供的被加工对象的几何和拓扑信息,还需要提供加工过程的工艺信息。于是,特征建模出现了。特征建模使得产品的设计工作在更高的层次上进行,设计人员的操作对象不再是原始的线条和体素,而是产品的功能要素。例如,"孔"特征不仅描述了孔的大小、定位等几何信息,还包含了与父几何体之间安放表面、去除材料等信息,特征的引用直接体现了设计意图,使得建立的产品模型更容易理解,便于组织生产,为开发新一代、基于统一产品信息模型的 CAD/CAM/CAPP 集成系统创造了条件。

参数化设计一般指设计对象的结构形状基本不变,而用一组参数来约定尺寸关系。参数与设计对象的控制尺寸有对应关系,设计结果的修改受尺寸驱动,因此参数的求解较为简单,也为设计提供了修改的方便性。目前的 3D 建模系统都包含参数化功能,而且大部分参数化功能和特征设计结合在一起,使特征模型成为参数的载体。参数化设计的主要特点如下:

(1)基于特征:将某些具有代表性的几何形状定义为特征,并将其所有尺寸设定为可修改参数,形成实体,以此为基础来进行更为复杂的几何形体的创建。

(2)全尺寸约束:将形状和尺寸联合起来考虑,通过尺寸约束来实现对几何形状的控制。建模必须以完整的尺寸参数为出发点(全约束),不能漏注尺寸(欠约束),不能多注尺寸(过约束)。

(3)尺寸驱动实现设计修改:通过编辑尺寸值来驱动几何形状的改变。

(4)全数据相关:某个或某些尺寸参数的修改,导致与其相关的尺寸得以全部同时自动更新。

与参数化设计直接相关的还有变量化设计,它为设计对象的修改提供了更大的自由度,允许出现尺寸欠约束,即建模之初可以不用每个结构尺寸、几何约束都十分明确。这种方式更接近人们的设计思维习惯,因此变量化设计过程相当参数化设计过程更为宽松。

目前物体的 3D 建模方式,大体上有三种:第一种方式是利用 3D 软件直接建模;第二种方式是通过仪器设备测量建模;第三种方式是利用图纸、图像或者视频来建模。第二种和第三种方式都是从已有的实物出发,来求得其 3D 数字化模型,这称为逆向工程(Reverse Engineering,RE)。在新产品开发中,逆向工程就是以已有产品为蓝本,在消化、吸收已有产品结构、功能或技术的基础上进行必要的改进和创新,开发出新的产品。逆向工程也称为反求工程或反向工程。而第一种方式是从市场需求出发,通过概念设计、结构设计、模具设计、制造、装配、检验等过程完成产品开发,称为正向工程(Forward Engineering,FE),如图 2-2 所示。

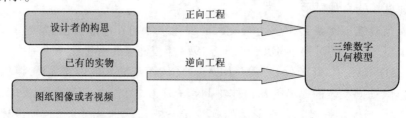

图 2-2　产品设计中的正向工程和逆向工程

### 2.1.2　3D 软件建模

3D 模型最初主要由 3D 建模工具这种专门的软件生成。利用软件建模是从设计者的意图出发,通过软件提供的各种功能构建出所需的 3D 模型。

**1. 3D 建模软件**

能实现 3D 建模的软件有 CATIA、UG-NX、Creo、I-DEAS、Solidworks、MasterCam、CAXA 等很多种,这些软件各有其不同的特点,这里主要介绍 CATIA、UG NX、Creo 和 CAXA。

1) CATIA

全称为 Computer graphics Aided Three dimensional Interactive Application(计算机图形辅助 3D 交互式应用)。

CATIA 是法国达索系统(Dassault System)公司的产品。达索系统公司成立于 1981 年,依托世界著名的航空航天企业法国达索飞机公司,其产品以幻影 2000 和阵风战斗机最为著名。达索飞机公司从 1960—1965 年开始引进 IBM 计算机和数控加工机床,1975 年引进 CADAM(Computer‑Aided Design And Manufacturing)。CADAM 原由美国洛克希德公司开发,用作飞机结构的设计绘图。达索公司 1977 年开始开发 CATIA,1978 年 CATIA 投入使用。1993 年发布的 CATIA V4 版本广受好评,但只能用于 UNIX 平台,1994 年开始重写内核研制的 V5 版本可用于 Windows 平台。目前 CATIA 软件以 V5 版本为主,最新版本 V6。

CATIA 曲面设计能力强大,功能丰富,可对产品开发过程中的概念设计、详细设计、工程分析、成品定义和制造乃至对整个生命周期中的使用和维护等各个方面进行仿真,并能够实现工程人员间的电子通信。

CATIA 包括机械设计、工业造型设计、分析仿真、厂矿设计、产品总成、加工制造、设计与系统工程等功能模块,可以供用户选择购买,如创成式工程绘图系统 GDR、交互式工程绘图系统 ID1、装配设计 ASD、零件设计 PDG、线架和曲面造型 WSF、实时真实化渲染 RT1、创成式外形造型、知识工程专家 KE1、加工制造、创成式结构分析 GPS、目标管理 COM 以及标准接口等。这些模块组合成不同的软件包,如机械设计包 P1、混合设计包 P2 和机械工程包 P3 等。P3 功能最强,适合航空、航天、汽车整车厂等用户,通常一般企业选 P2 软件包即可。

CATIA 是法国达索公司的产品开发旗舰解决方案,居世界 CAD/CAM/CAE 领域的领导地位,因其强大的曲面设计功能在飞机、汽车/摩托车、轮船等行业享有很高的声誉。如在欧洲汽车业,CATIA 已成为事实上的标准,在机械、电子等行业也有广泛应用。其应用范围从大型的波音 747 飞机、火箭发动机到化妆品的包装盒,几乎涵盖了所有的制造业产品。CATIA 的主要客户包括波音、克莱斯勒、宝马、奔驰等大批知名企业,用户群体在世界制造业中具有举足轻重的地位。波音飞机公司的波音 777 是迄今为止唯一进行 100% 数字化设计和装配的大型喷气客机,研制过程中使用 CATIA 设计了除发动机以外的 100% 的机械零件,并实现了包括发动机在内的 100% 的零件预装配。

2) UG NX

全称为 Unigraphics NX。

最初为美国麦道公司开发的 CAD/CAM 软件,用于 F15 战斗机的研制,以后发展为 UG 软件。1991 年,UG 出让给美国通用汽车公司下属的 EDS 公司。2001 年 EDS 收购了著名的 CAD/CAE/CAM 软件 I‑DEAS 所在的 SDRC 公司。融合 I‑DEAS 和 UG 两大软件的优点,于 2003 年

5 月推出了 UG NX2 软件。不久，EDS 公司将包括 UG、I‑DEAS、UG NX、SolidEege 等软件的 PLM Solutions 事业部分离为 UGS 公司，UGS 公司 2004 年被百恩资产、银湖合伙公司以及华平投资公司组成的私人资产集团以 20.5 亿美元收购，2007 年以 35 亿美元被德国西门子公司收购，更名为"UGS PLM 软件公司"（UGS PLM software），并作为西门子自动化与驱动集团（SIEMENS A&D）的一个全球分支机构展开运作。

目前 UG NX 8.0 已经广泛使用，但是仍保有相当多的 I‑DEAS 和 UG 老客户。

UG NX 技术特点如下：

（1）集成性：UG NX 系列软件集设计、制造、分析与管理全过程于一体，提供了一个基于过程的产品设计环境，是集成了 CAID/CAD/CAE/CAM 的软件集，使产品开发从设计到加工真正实现了数据的无缝集成，通过这些功能模块可以实现产品的概念设计、详细设计、结构与运动分析，乃至数据加工的全部过程，从而优化了企业的产品设计于制造。

（2）支持并行与协同工作：利用 Internet 技术，在设计过程中，企业不同部门的设计人员可以同时进行不同的设计工作，每个设计人员在设计过程中，随时可以获得整个产品的最新信息，以便于调整个人设计来满足整个产品的开发，也可以通过网络接口方便地将自己的设计传输到其他设计人员手中。

（3）开放性：UG NX 系列软件对其他 CAD 系统是开放的，甚至为其他计算机辅助工具提供了基础技术，可以实现 UG NX 与其他软件的数据共享。UG NX 还提供了多种用户开发工具，如二次开发工具 UG/Open GRIP 和 UG/Open API 等。

（4）全局相关性：在 UG NX 中建立的主模型与装配、制图、数控加工以及运动分析模块中的模型具有相关性，主模型的变动会自动反映到其他模块中，而不用手工更改，提高了产品开发设计的效率与准确性。

UG NX 软件包涵了世界上最强大、最广泛的产品设计应用模块，包括建模、装配、制图、加工（CAM）、仿真分析（设计仿真和运动仿真）、工业造型设计（CAID）、工装模具设计（Tooling）、钣金、柔性印制电路设计、管线布置（电气管线、机械管线等）、模具向导（注塑模、级进模等）、电极设计等模块，还提供了一些行业专用模块如汽车、船舶设计等模块。

UG NX 软件是当今世界广泛应用的计算机辅助设计、分析和制造软件之一，广泛应用于航空航天、汽车、机械及模具、电子、医疗器械等领域。UG NX 系列软件的主要客户包括 BE Aerospace、波音、英国航空公司、丰田、福特、通用、尼桑、三菱、夏普、日立、诺基亚、东芝、西门子、富士通、索尼、三洋、飞利浦、克莱斯勒、宝马、奔驰等世界著名企业。

3）Creo

Creo 是美国参数设计公司（Parametric Technology Corporation，PTC）的标志性软件。1985年，美国 CV（Computer Vision）公司的一批技术人员开发了参数化实体造型技术，但遭到公司领导层的否决，于是这批技术人员离开 CV 公司，独自创立了 PTC 公司。PTC 公司于 1988 年推出了 Pro/ENGINEER 的第一个版本 Pro/ENGINEER V1.0——市场上第一个参数化、全相关且基于特征的实体建模软件，产品一经推出就在市场上获得了极大的成功。2000 年在 Pro/ENGINEER 2000i 版本引入了行为建模功能，提供了物体运动仿真的机构设计技术、处理超大型部件的包络简体技术。2003 年发布了 Pro/ENGINEER Wildfire 1.0，提供给用户一个全新的界面及协同工作环境，将设计中的项目管理、版本管理、信息共享以及产品发布整合在一起，并将基于 Web 的不同 PTC 应用、Web 站点连接起来，提高了用户的建模效率。2011 年，为了真正发挥企业的创新能力、帮助企业提高研发协作水平、从根本上解决制造企业在 CAD 应用中面临的核心问题,在整合了公司在业界广受欢迎的 Pro/ENGINEER 参数化技术、CoCreate 的直接建模技术和 ProductView 的 3D 可视化技术的基础上,PTC 公司发布了 Creo 全新设计系列软件。Creo 在拉丁语中的含义是创新,它是 PTC 公司闪电计划中所推出的第一个产品。Pro/ENGINEER、CoCreate 和 ProductView 分别对应于 Creo 中的 Creo Parametric、Creo Elements/Direct 和 Creo View。经过近 30 年的发展,PTC 公司经过多次收购,包括 CV 公司在内的十几家公司并入其中,其产品涉及的范围也越来越宽。目前,已推出 Creo 3.0。

Creo 有别于传统的 CAD 软件,以工程概念为出发点,注重用户的使用习惯,具有鲜明的特点。

(1) 参数化设计:每一个设计意图可以用参数来描述,可以为所设计的特征设置参数,并可以对参数进行修改,方便用户的设计。

(2) 全相关性:Creo 所有的模块都有相关性,对某一特征也会由于存在"父子"关系而随之更改。同时,此修改会扩展到整个设计中,自动地更改所有相关图档,包括装配图、工程图和加工图以保证设计结果的正确性。

(3) 单一数据库:Creo 有一个统一的数据库,设计流程中的所有资料都统一存储在这个数据库中,以确保数据的正确性。

(4) 特征建模:Creo 以特征为单位逐步完成总体设计,便于用户思路清晰地进行设计且易于修改。

Creo 涵盖了产品从概念设计、工业设计、3D 建模、分析计算、动态模拟与仿真、工程图的生成到生产加工成成品的全过程,包括了大量的电缆和管道布线,各种模具设计与分析和人机交换等实用模块。

Creo 是对原有的 Pro/ENGINEER 软件的全新升级,该软件是当今世界最为流行的 CAD/CAM/CAE 软件之一,有很好的开放性和异构性,行业涉及面很广,被广泛应用于机械、模具、汽车、电子、通信、航空、家电、玩具等。主要客户包括空客、三菱汽车、施耐德电气、现代起亚、大长江集团、联想、海尔、三星、大众汽车、丰田汽车、阿尔卡特等。

4) CAXA

我国从 20 世纪 70 年代开始了数控机床及其 CAM 软件的研究开发,20 世纪 90 年代初国内多种拥有自主知识产权的软件相继推出。1997 年,北京航空航天大学华正模具加工中心推出了第一代产品"华正电子图板 97 二维版"(即后来的 CAXA 电子图板)。1998 年北京航空航天大学、海尔集团以及美国 C－mold 公司合资成立了北京北航海尔软件公司。2001 年 CAXA 公司正式成立,走上了产业化发展的道路。2003 年 CAXA 进入 PLM,2004 年 4 月和美国 Iron CAD 合并重组,同年 11 月与法国达索系统达成合作战略联盟。1997 年后相继推出 98 版、2000 版,XP 版等电子图板产品,现已形成以 CAXA CAD/CAM 系列产品为基础,包含产品信息的产生、共享、管理和再利用的 CAXA PLM 集成框架。

CAXA 实体设计软件在一个易于掌握的统一操作环境下集成有 3D 造型、装配、钣金、动画、高级渲染等,采用拖放式实体造型并结合智能捕捉与 3D 球定位技术,提高了设计效率。其中包括六项国际专利技术 3D 球、智能图素、双内核平台、驱动手柄、拖放式搬进设计、设计流体系结构。它采用了参数化和无约束两种方法,用户可任选一种或两种方法自动结合的方式进行设计。

CAXA CAD/CAM 系列产品包括设计、工艺、制造和管理四个模块,每个模块下又有分支。其中,设计包括电子图板和实体设计,工艺包括工艺图表和工艺汇总表,制造包括制造工程师、线切割、数控车和网络 DNC,管理包括图文档。

CAXA PLM 系列产品,以 CAXA V5 系列为例,包括 CAXA V5 PDM、CAXA V5 3D、CAXA V5 2D、CAXA V5 CAPP 和 CAXA V5 MPM 五大模块。其中,CAXA V5 PDM 是以产品数据为核心的企业级设计、工艺、制造的协同工作平台,CAXA V5 3D 是集成化的 3D 产品设计、工程分析和数控编程环境,CAXA V5 2D 是集成化的全功能企业二维绘图设计环境,CAXA V5 CAPP 是基于 PDM 的集成化工艺设计环境,而 CAXA V5 MPM 是基于 PDM 和 CAPP 的生产计划管理平台。

CAXA 是我国自行开发、具有自主版权的国产软件。CAXA 系列软件不仅被国内数十万家企业广泛使用,遍布装备制造业、国防、交通等各行各业,还是教育部普通高校/高等职业教育机械设计课程使用软件、中央电大工程专业必修软件、全国制图员职业资格考试/技工考级唯一指定考试软件和劳动及社会保障部现代制造技术远程教育培训——数控工艺员指定培训软件,被全国 1000 多所院校选作为教学/培训使用软件。

**2. 3D 软件建模思路**

对于复杂产品的软件建模,掌握 3D 建模软件的基本功能只是其必要条件,除此之外,还要有对建模软件的基本理解、有建模的基本思路、基本技巧和不断积累的实战经验。

一个产品的 3D 模型可以看作由许多基本的、简单的几何元素通过各种关系组合而成。如图 2-3 所示,零件可分解为若干个基本几何要素,这种直观表示 3D 模型构成关系的图称为产品造型树。产品造型树由不同层次的节点组成,末端节点是基本几何元素,上一层节点由下一层节点通过某种关系运算得到,在产品造型树中可明确标注出这种运算。

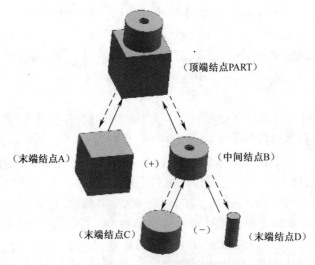

图 2-3　产品造型树

产品的造型树是 3D 造型思路的集中体现。由此,构建零件模型的基本思路是:先将零件的整体形状分解成若干个合适的简单单元体或零件结构,然后逐个实现每一个简单单元体或零件结构,即 3D 建模的过程可分为两个相反的阶段。

(1)分析阶段:也称分解阶段,即通过对产品的分析,将产品按图 2-3 中虚箭头所示的方向分解,这是一个从上(顶端节点)向下(末端节点)的分解过程。

(2) 实现阶段:也称合成阶段,即从造型树的末端节点(基本几何元素)开始,利用 3D 造型软件的几何元素构造功能和关系运算功能,沿着实箭头所示的方向不断生成上一层节点,直到生成顶端节点(产品造型)为止。

其中,产品分析阶段是核心,是造型思路的主要内容,它体现了造型工程师的分析水平和经验。而实现阶段可以看作是按照造型树所规定的步骤进行程序化的操作。

可以说,在分析阶段结束时,造型工作实际上已经在工程师的头脑中完成了。

## 2.1.3　3D 测量建模

3D 扫描仪(3 Dimensional Scanner)又称为 3D 数字化仪(3 Dimensional Digitizer)。如图 2-4 所示为单边高架桥式三坐标测量机,它是当前使用的对实际物体 3D 建模的重要工具之一。它能快速方便将真实世界的立体彩色信息转换为计算机能直接处理的数字信号,为实物数字化提供了有效的手段。它与传统的平面扫描仪、摄像机、图形采集卡相比有很大不同:首先,其扫描对象不是平面图案,而是立体的实物。其次,通过扫描,可以获得物体表面每个采样点的 3D 空间坐标,彩色扫描还可以获得每个采样点的色彩。某些扫描设备甚至可以获得物体内部的结构数据。而摄像机只能拍摄物体的某一个侧面,且会丢失大量的深度信息。最后,它输出的不是二维图像,而是包含物体表面每个采样点的 3D 空间坐标和色彩的数字模型文件。这可以直接用于 CAD 或 3D 动画。彩色扫描仪还可以输出物体表面色彩纹理贴图。早期用于 3D 测量的是坐标测量机(CMM),它将一个探针装在三自由度(或更多自由度)的伺服装置上,驱动探针沿三个方向移动。当探针接触物体表面时,测量其在三个方向的移动,就可知道物体表面这一点的 3D 坐标。控制探针在物体表面移动和触碰,可以完成整个表面的 3D 测量。其优点是测量精度高;其缺点是价格昂贵,当物体形状复杂时控制复、杂、速度慢、无色彩信息。人们借助雷达原理,发展了用激光或超声波等媒介代替探针进行深度测量。测距器向被测物体表面发出信号,依据信号的反射时间或相位变化,可以推算物体表面的空间位置,称为“飞点法”或“图像雷达”,如图 2-5 所示。应用快速原形技术的 3D 照相馆目前采用的就是这种建模技术,如图 2-6所示。

## 2.1.4　根据图纸、图像或视频建模

如果已经具备二维工程图,根据图纸的形状和尺寸建立 3D 模型是轻而易举的事。

基于图像的建模和绘制(Image - Based Modeling and Rendering, IBMR)是当前计算机图形学界一个极其活跃的研究领域。同传统的基于几何的建模和绘制相比,IBMR 技术具有许多独特的优点。基于图像的建模和绘制技术给我们提供了获得照片真实感的一种最自然的方式,采用 IBMR 技术,建模变得更快、更方便,可以获得很高的绘制速度和高度的真实感。由于图像本身包含着丰富的场景信息,自然容易从图像获得照片般逼真的场景模型。基于图像的建模的主要目的是由二维图像恢复景物的 3D 几何结构。与传统的利用建模软件或者 3D 扫描仪得到立体模型的方法相比,基于图像建模的方法成本低廉、真实感强、自动化程度高,因而具有广泛的应用前景。

基于一组二维断层图像,如通过 CT、MRI(Magnetic Resonance Imaging,磁共振成像)等近代非侵入式诊断技术获取的患者有关部位的医学图像,借助于数据处理软件及 CAD 系统建立 3D

图 2-4　单边高架桥式三坐标测量机

图 2-5　利用 3D 扫描仪进行人像扫描

图 2-6　3D 打印制作出的立体人像

医学 CAD 模型的技术,已得到广泛应用,如图 2-7 所示。

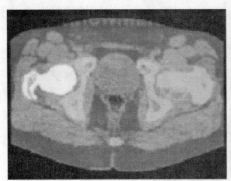
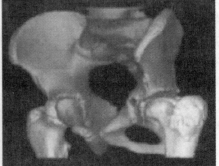

图 2-7　从 CT 数据到骨骼 3D 数值模型

## 2.2　Creo 设计软件的概述

3D 打印机所使用的文件为 STL 格式文件。目前市场上主流的设计软件诸如:欧特克公司(Autodesk)的 3ds Max 和 Inventor、PTC 公司的 Creo、Siemens PLM Software 的 UG NX、达索系统公司的 Solidworks 等,这些软件都可以生成。美国参数技术公司的 Creo 系列软件集成了 CAD/CAE/CAM/PDM 等多方面功能,为工业产品设计提供了完整的解决方案,充分突出了个性化、创造性、协同性、网络化等多方面特性。本书介绍 Creo 系列软件中的 Creo Elements/Pro 5.0,该软件由闻名的 Pro/Engineer Wildfire 5.0 在 2011 年更名而成。

Creo 的建模技术是基于参数化设计的特征建模技术。在参数化建模环境里,零件是由特征构成的,如图 2-8 所示,特征可以是突出的凸台,特征也可以是被切除或减去的部分(例如孔),参数化建模系统可以把结构特征直观地表达出来。Creo 以特征为单位逐步完成总体设计,便于用户思路清晰地进行设计且易于修改。

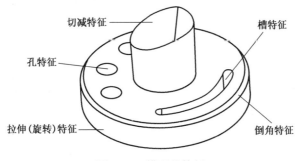

图 2-8　模型的特征

特征一般通过先绘制特征轮廓的截面来创建。通常,都是先画出特征的二维草绘,再通过拉伸、旋转或扫描等来形成 3D 对象。特征也可以通过预定义获得,预定义特征的例子有孔、圆角和倒角。

## 2.3　Creo Elements/Pro 5.0 建模基础

下面就以 Creo Elements/Pro 5.0(以下简称 Creo)的使用为例,介绍 3D CAD 建模的基本方法和步骤。

### 2.3.1　Creo Elements/Pro 5.0 的界面

启动 Creo 后,需新建或打开一个文件,Creo 的一些工具栏才会出现。界面如图 2-9 所示。

其中,文件管理工具栏负责对新建文件和存盘文件的管理;选取过滤器可以方便用户在软件使用过程中根据自己的意愿来选取某类项目;基准显示工具栏按钮可以开关某类基准;特征创建与编辑工具栏里集成了在 Creo 中使用频率较高的命令按钮。

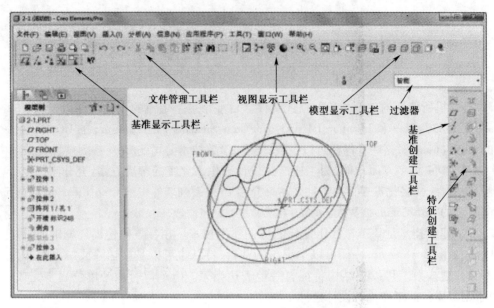

图 2-9 Creo 的工作界面

使用 Creo 创建新文件的步骤如下：

**步骤 1　建立工作目录**

单击界面主菜单"文件"→"设置工作目录"（图 2-10）可以指定或新建一个用户文件夹用于存储新文件。用户利用"设置工作目录"命令可以有效快捷地管理文件。工作目录通常是所有 Creo 对象的保存位置。

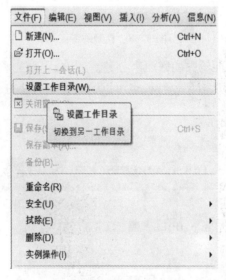

图 2-10　设置工作目录

**步骤 2　创建新对象**

选择"文件"→"新建"命令或者在文件管理工具栏上单击"新建"按钮可以创建一个新的对象文件。"新建"对话框中有选择 Creo 应用模块的选项（图 2-11），缺省的是零件模块。可以自己输入文件名，也可以选择缺省的文件名，但文件名长度限制在 32 个字符（字母和数字）以内,不许有空格。

一般地,当安装 Creo 选择公制尺寸时,零件的默认模板就是公制模板 mmns_part_solid,如图 2-12。

图 2-11　应用模块选项

图 2-12　公/英制零件模板

**步骤 3　选择特征创建方法**

对于零件的第一个几何特征,创建的工具是有限的。对于实体零件,"加材料"是主要的可用工具。在加材料菜单里,有"拉伸""旋转""扫描"和"混合"选项。

**步骤 4　执行文件管理的要求**

一个创建完成的零件,保存对象文件后用户可以使用"文件"→"拭除"选项将依旧停留在 Creo 软件进程里的文件从进程中删除(图 2-13)。使用"文件"→"删除"→"旧版本"命令从硬盘删除旧版本的零件文件,只保留最新版本的文件。使用"文件"→"删除"→"所有版本"命令将会从硬盘里删除所有版本零件文件(图 2-13)。

图 2-13　拭除选项和删除选项

Creo 集成了一个庞大的帮助中心(F1),用户可以依靠这个强大的帮助系统使用 Creo 软件,如图 2-14 所示。

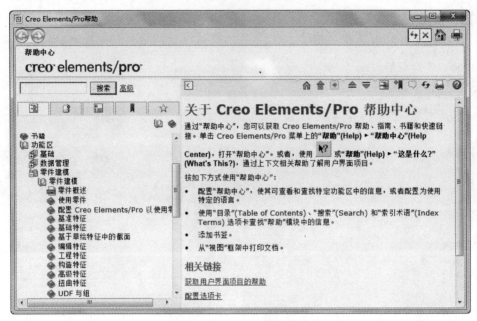

图 2 - 14　Creo 的帮助中心

## 2.3.2　基准和坐标系

　　基准是 Creo 零件建模过程中作为参考、根据的特征。最常用的基准包括基准平面、基准轴、基准点、基准曲线、坐标系等。基准特征只能在零件模式或组件模式下建立。图 2 - 15 所示为基于不同基准面草绘后生成实体方向的不同。图 2 - 16 所示为系统默认的坐标系以及用户自定义的坐标系。

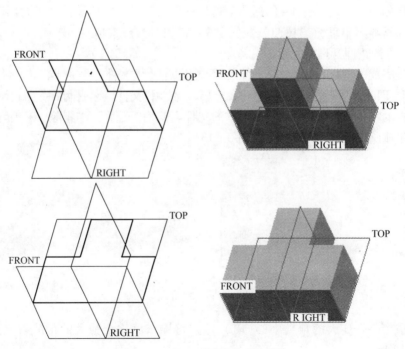

图 2 - 15　基于不同基准面的草绘

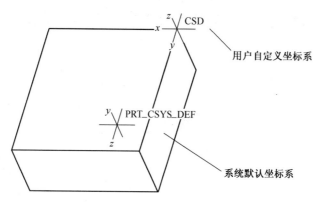

图 2 - 16　坐标系与自定义坐标系

### 2.3.3　草绘

草绘是体现 Creo 参数化设计的一项基础工具,是所有基础特征的基石。

几何特征(如拉伸或切减材料)需要用草绘来定义特征的截面,其他特征(如基准曲线、扫描特征的扫描轨迹以及草绘孔)也需要用草绘定义元素。

Creo 的草绘截面可以在特征创建(如拉伸、旋转)过程中创建,也可以作为单个对象创建,并用于以后的构建操作。截面是带有尺寸标注、约束以及参照的草绘图元,如图 2 - 17 所示。截面分为两类:一类是可以用于直接创建特征的截面,另一类是在草绘模块下创建的截面。零件模块中的一些特征,如拉伸、旋转、扫描以及筋等都需要一个草绘截面。

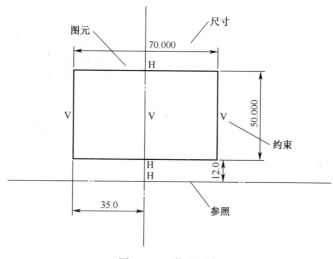

图 2 - 17　截面元素

在零件模块下单击草绘按钮 可以进入草绘环境。新建一个 Creo 文件时,如果选择"草绘",可以进入独立的草绘器,如图 2 - 18 所示。

在草绘模块中创建的元素被存为 ∗.sec 文件。在零件模块中创建特征时,在草绘界面中选择"保存"命令将只保存零件的截面,而不是零件。

关于草绘需要先了解的两个重点:

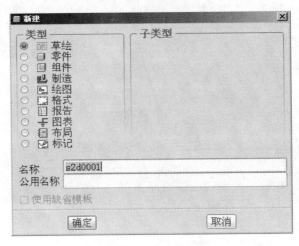

图 2-18　独立草绘器

（1）草绘面的指定。草绘面可以是标准的基准面、自定义基准面，或者是平坦的特征表面，如图 2-19、图 2-20 所示。

图 2-19　指定草绘面

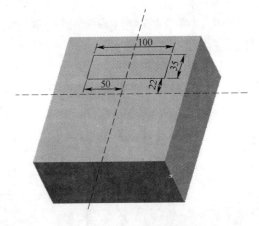

图 2-20　在零件表面草绘

（2）草绘参照的指定。所有的草绘图元都可以根据指定的参照来锁定画出，使草绘图更精确。

当用户使用标准基准面作为草绘面时，系统会自动使用另外两个标准基准面作为参照。如果用户使用自定义基准面，当系统无法找到与该基准面正交的基准面时会弹出如图 2-21 所示的"参照"对话框，此时需用户指定参照基准，只要是能锁定草绘图元的元素都可以作为参照，如基准面、基准点、基准轴、坐标系等。

Creo 提供了多种尺寸标注方式来定义草绘，如线性、径向以及角度标注。另外，还提供了如周长及坐标标注的方式。图 2-22 所示为线性尺寸的标注方法（线段、平行线、线到点、点到点）。径向以及角度标注方法与线性尺寸标注方法类似，不再赘述。

修改单一图元尺寸时，只要双击鼠标左键即可修改该图元尺寸值。如果需要修改多个图元尺寸，需要按住 Ctrl 键，同时鼠标左键单击需要修改的尺寸，选取完毕后单击草绘工具栏的"修改"按钮，会弹出如图 2-23 的对话框。注意把"再生"的勾选去掉，使仅在完成修改尺寸后再生截面。

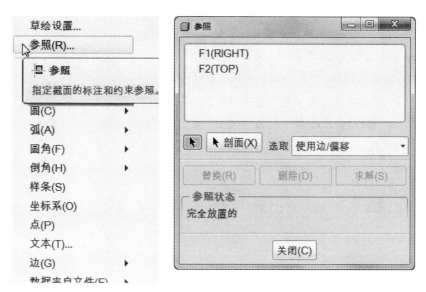

图 2-21　草绘参照

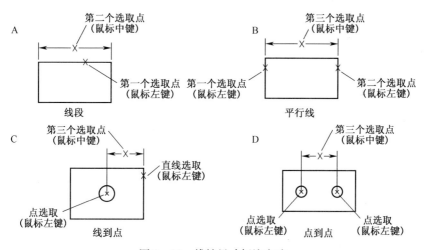

图 2-22　线性尺寸标注方法

图 2-23　"修改尺寸"对话框

单击鼠标左键选中尺寸,再单击右键会弹出如图 2-24 所示的快捷菜单,单击"锁定"按钮后,该尺寸将被锁定不会因为其他图元的尺寸、位置的改变而产生相应的尺寸变化。

约束用于在 Creo 里捕捉设计意图,它实际上是两个几何图元之间的定义关系,如设置两条直线平行。如图 2-25 所示,拖动图元 A 时,左图的另外两个图元会跟随着一起发生变化,图 2-26 由于锁定了其余的两个图元尺寸,加入了各个图元间的约束,拖动图元 A 时另外两个图元的尺寸与几何位置是固定的。

在草绘图元时,软件会自动添加约束,如果用户不需要某个图元的约束,可以通过删除约束,进而自己添加尺寸约束。如图 2-27 所

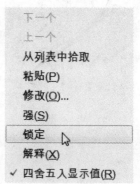

图 2-24 尺寸的锁定

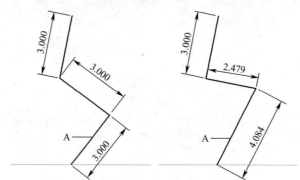

图 2-25 各图元未添加约束、尺寸未锁定

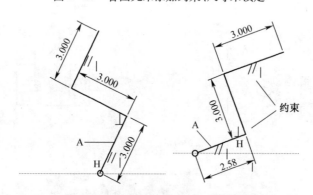

图 2-26 各图元加入约束、尺寸锁定

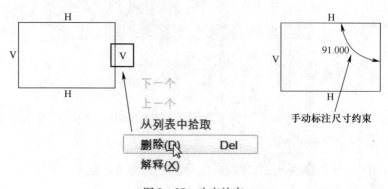

图 2-27 改变约束

示,左键单击选中约束,再右键单击该约束,在弹出的快捷菜单中单击删除。单击"尺寸"按钮,左键单击线段,单击构造线,鼠标置于两线间按下中键(滚轮)。

　　绘制复杂的形状时,默认界面显示的尺寸、约束会干扰草绘的绘制,用户可以使用主菜单的"草绘"→"选项"激活"草绘器首选项"窗口,在这个窗口选择关闭不需要在草绘界面显示的内容,如图 2－28 所示。

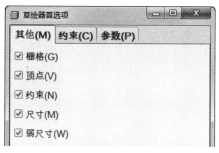

图 2－28　草绘器首选项(局部)

　　在草绘时,可以通过复制和粘帖来创建形状相似的新图元。

　　创建形状相似新图元的方法:

　　左键单击选中要复制的图元按下"复制"按钮,或者使用"Ctrl+C"快捷键,在要粘帖的位置按下"粘帖"按钮或者"Ctrl+V"快捷键。Creo 会弹出一个"移动和调整大小"的参数窗,修改一个参数后按回车"Enter"确认修改,依次修改参数后单击"接受"按钮即可复制一个图元,如图 2－29 所示。

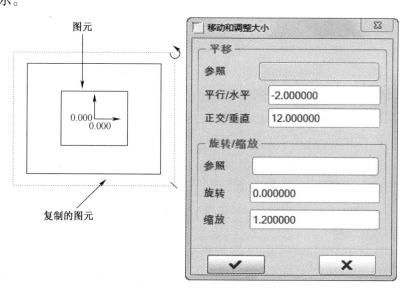

图 2－29　图元的复制和粘帖

　　文本输入的方法:

　　单击草绘工具栏 ⒜ 按钮进入文本输入。单击鼠标左键确认输入位置的起始点,向上画出一条直线再单击鼠标左键确定起始位置,Creo 会弹出图 2－30 右图的对话框。在文本行输入文本后单击"确定"关闭对话框,双击文字左侧的高度值可以修改文字高度,双击文字可以再次呼出文本窗口以对文本、字体以及相关参数做再调整。

图 2-30  文本输入及参数窗口

选中"沿曲线放置"复选框后，再用鼠标点选之前绘制好的曲线，可以使文本沿着该曲线放置。左键选中文本再右键单击文本，在弹出的快捷菜单选择"移动和调整大小"，如图 2-31 所示。

图 2-31  调整文本的大小、角度和位置

关于草绘的一些说明：

草绘环境提供了多种工具用于完全定义一张草图并捕捉设计意图。捕捉设计意图可以使用以下工具：尺寸标注、约束和参照等工具。

不要因为用什么标注都可以实现这个图形就去随意标注。要考虑到 Creo 的模型是参数化的模型，之所以要保留这个参数就是为了将来修改或修正这个模型，而修改这个模型就需要调整约束和尺寸来到达目的。

例如，将图 2-32 中图 A 的高度值 5 和 2 修改为图 B 的 2 和 3，这两个高度值 2 和 3 就是设计意图，希望在随后的模型里可以通过修改这些值来实现设计意图。不同的约束决定不同的设计意图。

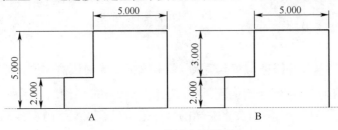

图 2-32  设计意图举例

## 2.3.4　拉伸特征

拉伸是定义 3D 几何的一种方法,通过将二维截面延伸到垂直于草绘平面的指定距离处来实现。

图 2-33 所示为通过 Creo 中拉伸工具可以实现的实体、薄板和曲面特征。

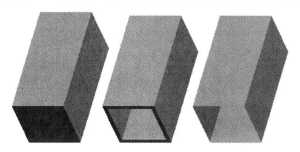

图 2-33　拉伸特征

在 Creo 中需要一个完全定义的截面来完成特征的创建。用户可以通过两种方式来实现:

(1) 使用草绘完成特征截面绘制,再进入拉伸特征创建界面来创建拉伸特征。

(2) 直接进入拉伸特征界面创建特征(图 2-34)。

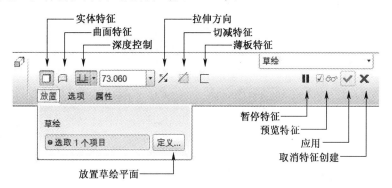

图 2-34　拉伸特征工具

下面以图 2-35 所示零件为例介绍拉伸特征的创建。

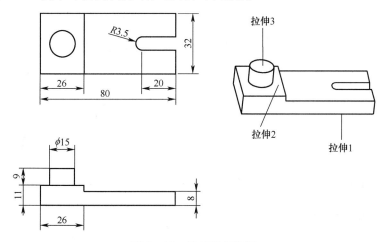

图 2-35　拉伸特征实例

（1）创建第一个特征:单击"拉伸"按钮后出现如图 2-34 所示的拉伸特征工具菜单,单击"放置"→"定义",鼠标左键单击 FRONT 面,进入草绘界面绘制出如图 2-36 的截面。

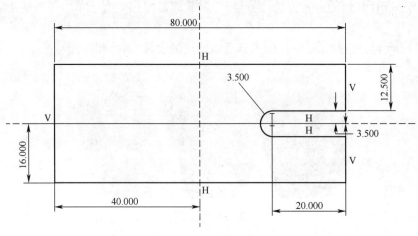

图 2-36　拉伸截面

草绘界面里单击"完成"按钮,确定退出草绘界面,此时 Creo 显示如图 2-37 所示。完成预览后单击拉伸特征工具上的"应用"按钮以确认创建。

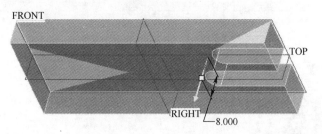

图 2-37　拉伸特征

（2）使用已有的特征面和边创建第二个特征:单击选中缺省方向的平面,以此平面做为下一个拉伸特征的草绘平面,单击"特征"→"放置"→"定义"进入草绘界面。图 2-38 为选取特征平面。

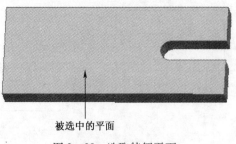

被选中的平面

图 2-38　选取特征平面

进入草绘使用 ▢ 按钮,如图 2-39 所示选取已有特征的三条边作为新截面的边线。

使用 ╲ 绘制一根垂直线尺寸(图 2-40),使用 ⚡ 删除图 2-40 中加粗的线段,单击"完成"按钮确认并退出草绘。

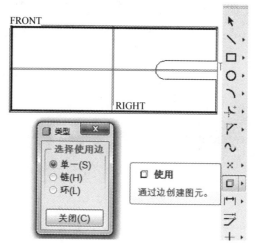

图 2-39 选取已有特征的边

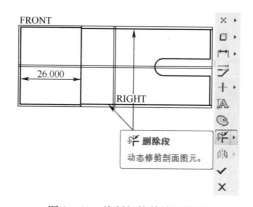

图 2-40 绘制新拉伸特征截面

通过预览调整拉伸长度(图 2-41),单击"应用"确认并退出特征创建。

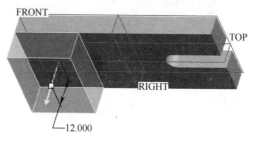

图 2-41 预览新特征

(3)使用第二个特征的面作为草绘平面绘出圆柱截面,使用移除材料命令创建圆柱特征,如图 2-42 所示。

通过预览特征,单击"应用"确认并退出特征创建(图 2-43)。

(4)特征的修改。图 2-44 所示为零件的模型树。"模型树"是零件文件中所有特征的列表,其中包括基准和坐标系。在零件文件中,"模型树"显示零件文件名称并在名称下显示零件中的每个特征。如果需要修改模型,可用鼠标右键单击需修改的特征,即可弹出如图 2-44 所

示的快捷菜单,其中"动态编辑"可以直接在模型状态修改尺寸;"编辑定义"则使用户再次进入
特征对话框进行修改。

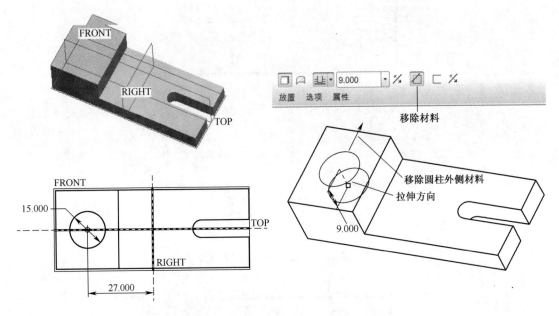

图 2-42　使用移除材料命令创建圆柱特征

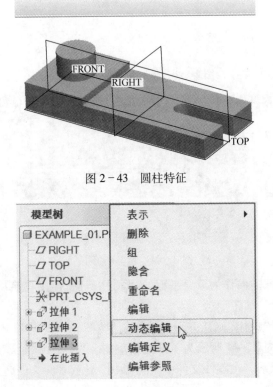

图 2-43　圆柱特征

图 2-44　快捷菜单

用户也可以将鼠标悬停在某个特征上(图 2 - 45),双击鼠标左键进入动态编辑状态。

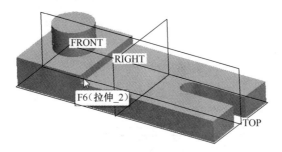

图 2 - 45　鼠标悬停捕获特征

在动态编辑界面,用户可以直接在模型界面里即时修改特征尺寸,鼠标左键双击尺寸修改。按 Esc 键退出动态编辑。

需要特别强调的是:对于一个零件而言,第一个特征为该零件的"父特征"(如图 2 - 46 所示的"拉伸 1")之后的特征都是基于该"父特征"建立的"子特征"。一旦"父特征"被删除,其后建立的"子特征"将同时被删除。由于"父特征"的特殊地位,修改"父特征"时一定要考虑其后"子特征"赖以合理存在的边、面等的尺寸约束的参照关系。否则将导致"子特征"再生失败。

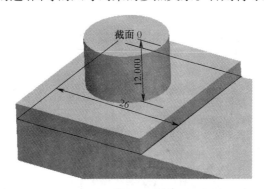

图 2 - 46　模型界面修改尺寸

对于本例,拉伸 1、拉伸 2 和拉伸 3 可以直接使用拉伸加材料来实现零件的创建,如图 2 - 47 所示。

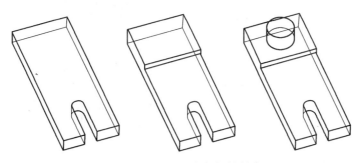

图 2 - 47　通过三次加材料创建

知识拓展:

由于字体的缺陷使得很多中文字的线条不是封闭的,所以很多时候在做拉伸中文字退出草绘时会提示截面未封闭。处理含有中文字体的拉伸需要两次,即第一次从 [图标] 进入草绘时通过

⍶ 输入汉字后保存退出(图 2-48),再次由拉伸工具栏进入草绘,使用 ▢ 按钮将汉字框线全部选中,再使用样条曲线按钮 ⌇ 连接未被封闭的线段。

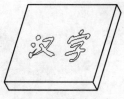

图 2-48　草绘文本

由拉伸工具栏进入草绘截面,通过主菜单"草绘"→"诊断",单击"加亮开放端点",找到未封闭的汉字线段加以修补,如图 2-49 所示。

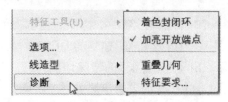

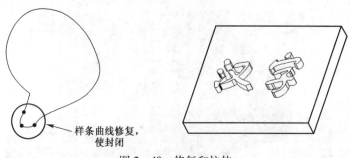

图 2-49　修复和拉伸

## 2.3.5　旋转特征

旋转特征通过绕中心线旋转草绘截面来创建。它允许以实体或曲面的形式创建旋转几何,以及添加或移除材料。在草绘环境里用户都要绘制旋转截面和旋转中心线,如图 2-50 所示。

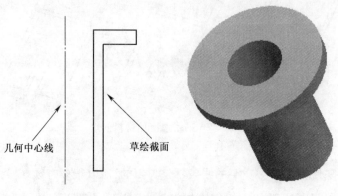

图 2-50　旋转特征

要创建旋转特征,需要激活"旋转"工具(图 2 - 51)并指定特征类型:实体或曲面。然后选取或创建草绘。旋转截面需要旋转轴,此旋转轴既可利用截面创建,也可通过选取模型几何进行定义。"旋转"工具显示特征几何的预览后,可改变旋转角度,在实体或曲面、伸出项或切口间进行切换,或指定草绘厚度以创建薄壁特征。

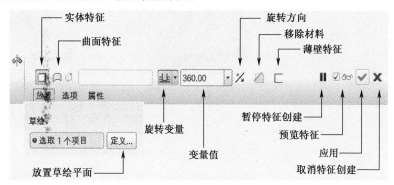

图 2 - 51　旋转工具

图 2 - 52 所示是一个旋转特征的截面,用户可以先通过"草绘"绘制,再进入"旋转"工具来创建特征。也可以从"旋转"工具的"草绘"里绘制。截面草绘完成后通过"旋转"工具的各选项来完成特征的创建(图 2 - 53~图 2 - 55),图 2 - 56 所示为使用不同旋转选项得到的模型。

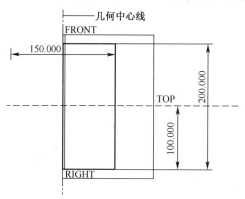

图 2 - 52　草绘截面与几何中心线

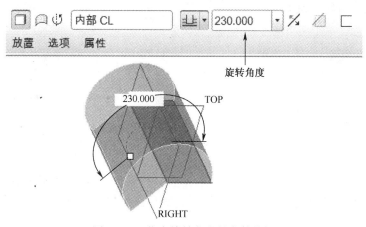

图 2 - 53　指定旋转角度的实体特征

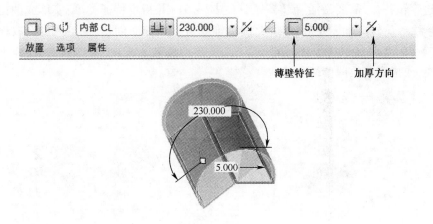

图 2-54　薄壁特征

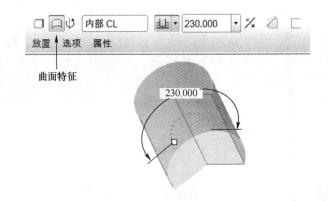

图 2-55　曲面特征

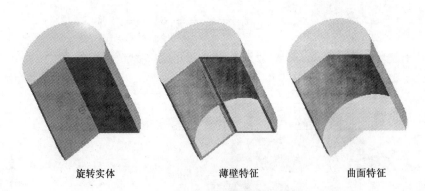

图 2-56　旋转为实体、薄壁和曲面特征

在创建旋转特征时需要注意的是：

绘制旋转体的截面时需画出一条中心线，作为旋转体的旋转轴，如图 2-52 所示。

创建旋转实体时，截面必须为闭合的线条，否则信息窗口会出现"此特征截面必须闭合"的警告信息。

截面的图元必须在旋转轴的单侧，若两侧都有图元，信息窗口会出现"图元必须在旋转轴的同一侧"的警告信息。

## 2.4　Creo Elements/Pro 5.0 建模实例

### 2.4.1　实例一

使用旋转特征、孔特征和阵列特征建模,如图 2-57 所示。

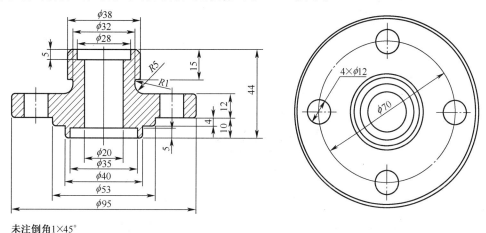

未注倒角1×45°

图 2-57　实例一

这是一个典型的通过旋转特征创建的零件。另外,该零件还包含有孔、倒角和倒圆角这些工程特征。该零件的创建流程如下:

(1) 通过草绘旋转特征截面创建一个旋转特征,如图 2-58 所示。

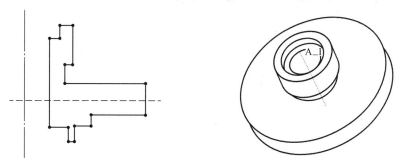

图 2-58　草绘的截面和形成的旋转特征

(2) 创建一个孔特征,通过"阵列"创建四个孔特征,如图 2-59 所示。

(3) 使用"倒角"和"倒圆角"按钮创建倒角特征,如图 2-60 所示。

以下为详细步骤:

(1) 打开 Creo 后,由"文件"→"设置工作目录"选定或创建自己的工作目录。

(2) 由"文件"→"新建"建立一个实体零件 prt 档。

(3) 进入"草绘"界面草绘如图 2-61 所示的截面,绘制完毕后单击"确认"按钮退出草绘界面。

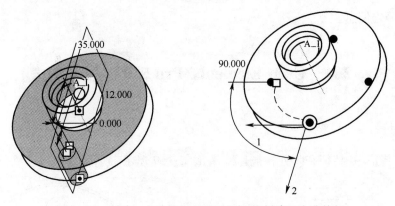

图 2-59　创建一个孔特征和通过"阵列"创建四个孔特征

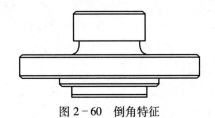

图 2-60　倒角特征

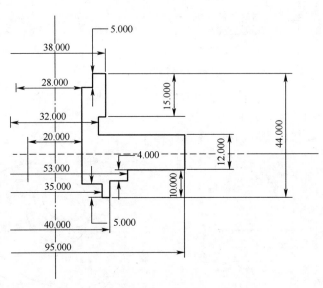

图 2-61　草绘截面

（4）使草绘截面处于选中状态，单击"旋转"按钮 ⬦ 进入旋转特征创建界面，如图 2-62 所示。

通过预览观察模型，单击"应用"按钮保存并退出旋转特征创建。

（5）单击"孔"工具按钮 ⬜，进入孔特征创建界面。

图 2-63 所示为孔工具栏，用户利用"孔"工具可向模型中添加简单孔、定制孔和工业标准孔。通过定义放置参照、设置偏移参照及定义孔的具体特性来添加孔。操作时，Creo 会显示孔的预览几何。注意，孔总是从放置参照位置开始延伸到指定的深度。可直接在图形窗口和操控板中操控并定义孔。

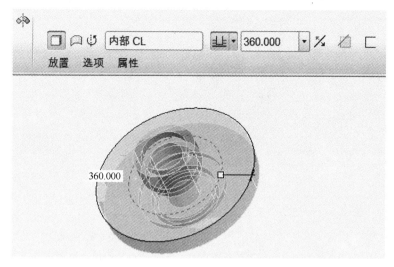

图 2 - 62　旋转特征的建立

图 2 - 63　孔工具栏

本实例中的孔为简单孔。放置孔的步骤是通过孔深变量定义,通过直径值的给定(也可以直接拖动直径滑块)定义孔径。

通过拖动绿色的未定义滑块将孔位置完全定义。本例拖动一个绿色滑块至旋转轴 A_1,并将该值修改为35,拖动另一个绿色滑块至 RIGHT 面,该值自动修正为零。至此,孔为完全定义的特征。通过预览,单击"应用"按钮保存并退出"孔"特征创建界面,如图 2 - 64所示。

(6)选中前步所创建的孔特征,单击"阵列"按钮▦进入阵列特征创建界面。

"阵列"命令是用来创建一个特征的多个实例,创建阵列是重新生成特征的快捷方式。阵列实例是父特征的复制。大多数情况下,实例就是父特征的准确复制。在 Creo 中有多种方法可以阵列特征,如尺寸、方向、轴、表、参照等。本例所使用的是"轴阵列"。

如图 2 - 65 所示,选中之前旋转特征的旋转轴 A_1 作为阵列中心,第一方向成员数为4(包含父特征在内),第二方向成员数默认为1。单击"应用"按钮保存并退出阵列特征创建界面。

需要注意的是:在阵列中改变原始特征(父特征)尺寸时,整个阵列都会被更新。

(7)"倒圆角"和"倒角"。对于本例,在创建旋转特征的截面时并未将圆角与倒角加入到该截面。虽然"倒圆角"命令可能是 Creo 最简单的工具,但是在复杂的特征上创建圆角常常会出错,下面的几个建模方法可以帮助避免圆角冲突:在建模过程的后期创建圆角;先创建半径较小的圆角,再创建较大半径的圆角;避免使用圆角几何形状作为参照创建特征。

单击倒圆角工具 ,鼠标左键单击欲倒圆角的边线,在倒圆角工具栏修改半径值或直接在预览的圆角处拖动滑块以改变半径值。创建 R1 和 R5 的两处圆角特征,如图 2 - 66 所示。

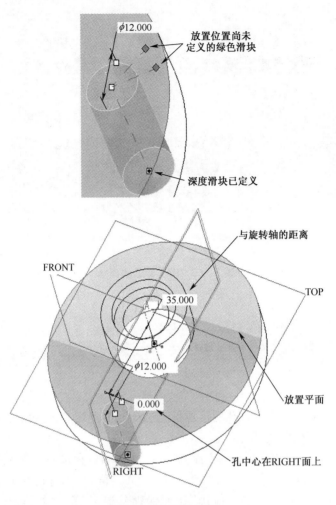

图 2 - 64　孔的放置

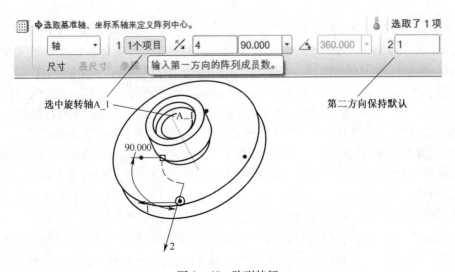

图 2 - 65　阵列特征

对于多处同一值的倒角,可以按住键盘"Ctrl"键,同时用鼠标左键单击选中这些同一值的倒角边线,如图 2－67 所示。

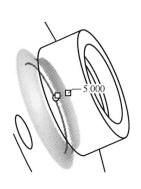

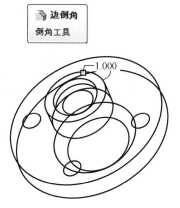

图 2－66　倒圆角特征　　　　　　　　　　图 2－67　Ctrl 键配合鼠标左键多选

（8）单击"保存"按钮保存零件,创建完成的零件与模型树如图 2－68 所示。

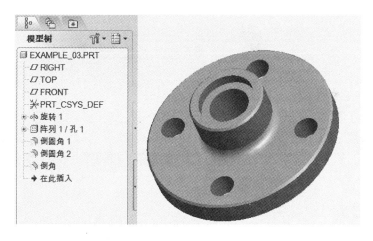

图 2－68　创建完成的零件与模型树

单击"文件"→"删除"→"旧版本",删除在零件创建过程中 Creo 保留的阶段版本,只保存最新版次的零件 prt 文档。

单击"文件"→"关闭窗口",退出工作界面。

单击"文件"→"拭除"→"不显示",将仍留存于 Creo 进程中的 prt 文档和草绘截面档从进程中清除。

关于孔特征的知识拓展:

实例一的孔通过软件预定义的孔特征就可以完成特征的创建。另外,用户还可以使用孔特征工具栏里的自定义草绘来创建自定义的孔特征,如图 2－69 所示的孔。图 2－63 所示为自定义孔工具栏。

方法如下:

依次单击孔特征工具栏的"草绘定义"→"激活草绘"进入草绘器,如图 2－70 所示。

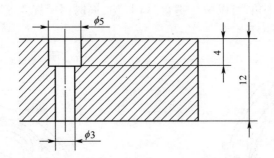

图 2-69　自定义的孔

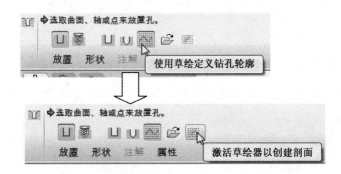

图 2-70　自定义孔工具栏

由于形状草绘器没有任何参照,为便于草图绘制,首先绘制一根几何中心线作为之后所有图元的参照,如图 2-71 所示完成自定义孔的截面绘制。通过如图 2-72 所示的截面可以发现,自定义孔实际上是以用户指定的旋转轴做一次旋转切减材料的特征操作。

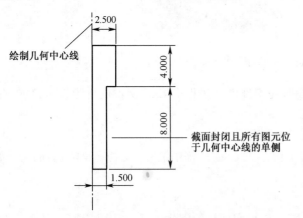

图 2-71　自定义孔的草绘截面

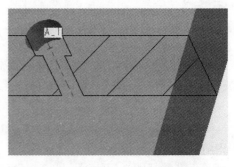

图 2-72　创建自定义孔特征

通过预览,单击"应用"按钮保存退出孔特征工具栏。

## 2.4.2　实例二

使用拉伸特征、壳特征、筋特征和唇特征建模,如图 2-73 所示。

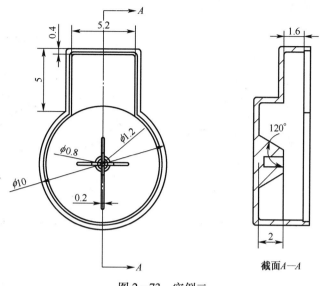

图 2－73　实例二

该零件的创建流程如图 2－74 所示。

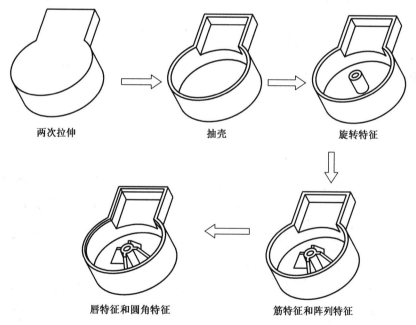

图 2－74　零件的创建流程

详细步骤：

（1）打开 Creo 后，由"文件"→"设置工作目录"选定或创建自己的工作目录。

（2）由"文件"→"新建"建立一个实体零件 prt 档。

（3）由拉伸特征建立如图 2－75 所示的特征。

再次进入拉伸特征创建如图 2－76 所示的特征。

（4）由"插入"→"壳"进入"壳"特征创建工具栏，如图 2－77 所示。鼠标左键单击抽壳平面,在工具栏"厚度"选项输入抽壳厚度值。

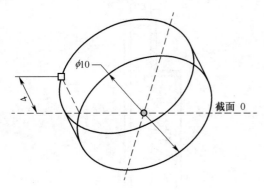

图 2-75　创建高度 4、直径 10 的拉伸特征

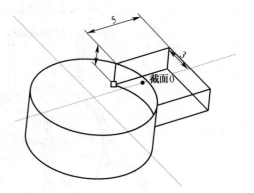

图 2-76　拉伸高度 2、宽度 6

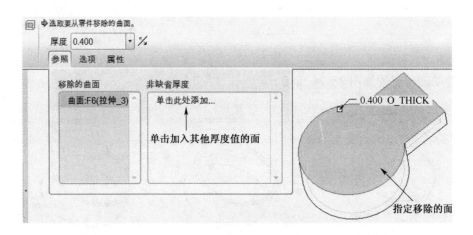

图 2-77　壳特征工具栏

对于本例,按图 2-78 所示操作,通过预览,单击"应用"按钮保存并退出壳特征创建即可。若所创建的壳特征厚度不一致,鼠标左键先按界面提示单击"非缺省厚度"选项,再点选不同厚度的面并输入其他厚度值。

(5)通过旋转特征创建中心圆柱。FRONT 或 RIGHT 面都可以作为旋转特征截面的草绘平面。需要注意的是要额外增加一个草绘参照,即进入草绘界面后单击"草绘"→"参照",将抽壳特征的内底面添加到草绘参照中去,这样做一方面可以使草绘图元自动捕捉到底面,另外,在之后的"筋"特征创建时不会因为无法找到底面而使特征创建失败,如图 2-79 所示。图 2-80 所示为草绘的旋转特征截面。

(6)由"插入"→"筋"→"轮廓筋"进入筋特征工具栏,如图 2-81 所示。在筋特征工具栏单击"参照"→"草绘",指定 FRONT 面为草绘面进入筋草绘。

使用草绘工具栏▣按钮选中圆柱一条竖直边与底面边,绘制如图 2-82 所示的筋轮廓线,使用✔按钮删除多余图元。

(7)使用"阵列"特征工具栏创建轴阵列特征。模型树点选筋特征,单击"阵列"按钮进入阵列特征创建,如图 2-83 所示。

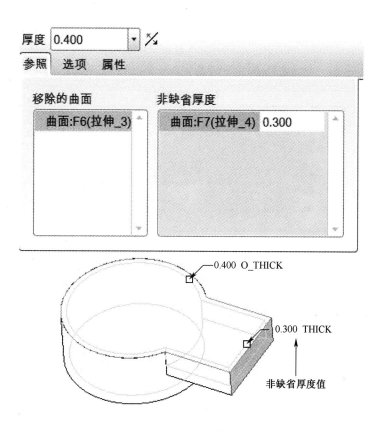

图 2-78　选定非缺省厚度

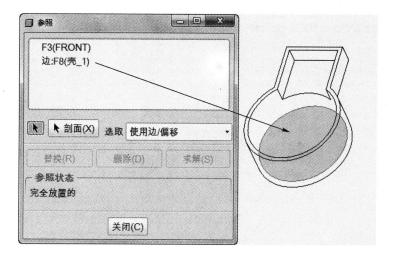

图 2-79　增加草绘参照

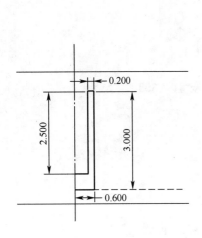

图 2-80　草绘旋转特征截面

图 2-81　筋特征工具

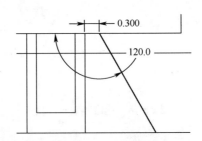

图 2-82　筋的草绘轮廓

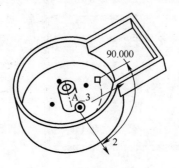

图 2-83　阵列筋特征

（8）创建唇特征。唇特征是通过沿着所选边偏移匹配曲面来构建的,唇特征可以很方便地用来建立零件之间相接触的部分。

唇特征需要指定一个完全封闭的扫描轮廓线,特征将沿着此轮廓线在指定的生成曲面上成长,唇特征的外形和参照曲面的形状相同。唇特征的控制参数包括特征的高度、宽度和拔模角度,这些将结合范例进行介绍。

建立唇特征的途径是:在主菜单选择“插入”→“高级”→“唇”。在弹出的菜单中选择“链”,选择曲面外侧的边界为唇特征的扫描轮廓线,单击“完成”按钮退出边选取,如图 2‑84 所示。

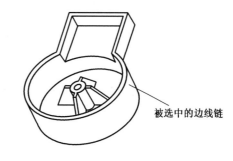

被选中的边线链

图 2‑84　阵列筋特征

之后提示:选取要偏移的曲面,鼠标左键单击选中如图 2‑85 所示的面。

选取要偏移的曲面

图 2‑85　阵列筋特征

随后弹出的参数对话框,此偏移值为指定唇特征的高度:0.2。此距离值为指定唇特征的宽度:0.3。随后 Creo 要求指定拔模参照面,本例选取 TOP 面为拔模参照面,在再次弹出的参数对话框里输入拔模角度值:1。单击“确认”按钮后,唇特征创建完毕。

本例“唇”特征的“父特征”是抽壳后 0.4mm 壁厚的“壳”,由唇特征参数可知“父特征”的壁厚值约束了唇的宽度,如果值超出壳厚度,唇特征就会生成失败。如果唇特征的宽度过小与拔模角过大,此时软件会给出“刀刃特征生成失败”的提示。

需要注意的是:

唇特征不能被重新定义,完成后只能修改其尺寸。例如,将唇特征的高度值由 0.2 修改为 0.5,在模型树鼠标右键单击“唇特征”,在弹出的快捷菜单里选择“编辑”,随后直接在工作区修改,修改完毕后单击 Creo 文件管理工具栏的“再生”按钮以确认修改,如图 2‑86 所示。

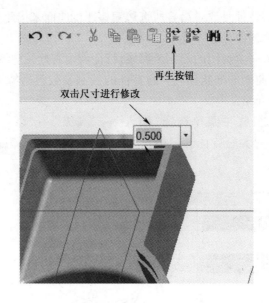

图 2-86　唇特征的修改

（9）最后通过倒圆角特征得到的最终零件如图 2-87 所示。

（10）单击"保存"按钮保存零件。

单击"文件"→"删除"→"旧版本"，删除在零件创建过程中 Creo 保留的阶段版本，只保存最新版次的零件 prt 档。

单击"文件"→"关闭窗口"，退出工作界面。

单击"文件"→"拭除"→"不显示"，将仍留存于 Creo 进程中的 prt 档和草绘截面档从进程中清除。

实例二知识拓展：

本例包含有唇特征，唇特征是生长特征。通过"分析"→"测量"来验证该特征对最终零件尺寸的影响（唇高度为 0.5），如图 2-88 所示。

图 2-87　唇特征的修改

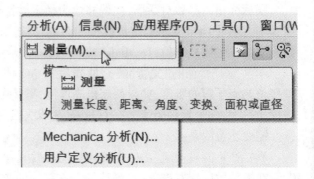

图 2-88　测量零件

在弹出窗口选"距离",如图 2-89 所示。

图 2-89　距离测量

点选零件的上下特征后可见测量值:4.5(本例步骤 3 中的拉伸值为 4),如图 2-90 所示。

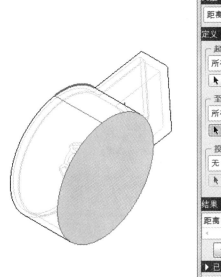

图 2-90　测量

## 复习思考题

1. 草绘练习,要求约束和尺寸标注符合设计意图。

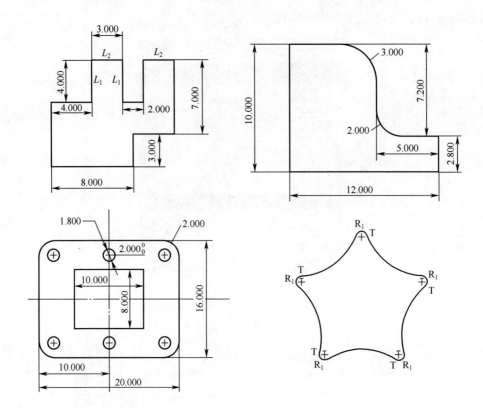

2. 创建下图零件，使用尺寸阵列创建 4 个孔。

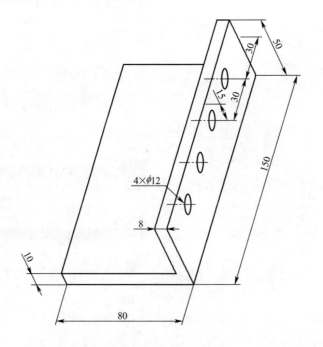

3. 创建下图零件。使用自定义孔创建台阶孔，使用筋特征创建零件中间的筋。

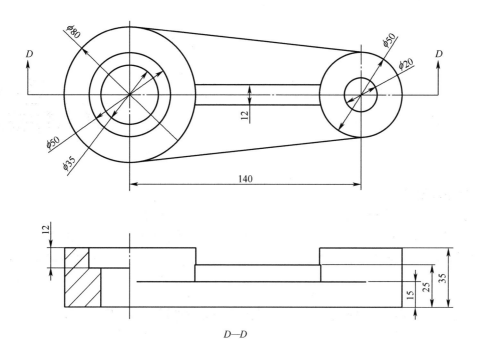

D—D

4. 根据实例二的模型,利用唇特征自己设计一个上盖与之相配。

# 第3章
# 3D打印技术

**教学基本要求:**

(1) 了解 3D 打印技术的原理、技术步骤、生产流程、特点及分类。

(2) 熟悉 S250 双喷头 3D 打印机、桌面 UP! 3D 打印机和 M2 金属快速成形机的基本原理。

(3) 掌握 S250 双喷头 3D 打印机、桌面 UP! 3D 打印机和 M2 金属快速成形机的操作方法。

## 3.1 原理、特点、技术步骤、生产流程及分类

### 3.1.1 3D 打印技术的原理

该技术采用离散—堆积成形原理。如图 3-1 所示,其成形过程如下:先设计出所需零件的计算机 3D 模型,然后根据工艺要求,按照一定的规则将该模型离散为一系列有序的单元,通常在 Z 向将其按一定厚度进行离散(我们习惯称之为分层),把原来的 3D CAD 模型变成一系列的层片,再根据每个层片的轮廓信息,加入加工参数,自动生成数控代码,最后由成形机制造出一系列层片并自动将它们连接起来,得到一个 3D 物理实体。

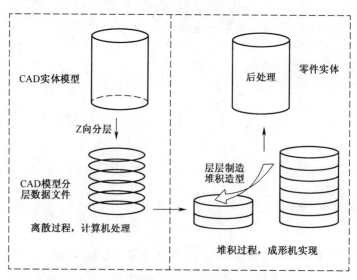

图 3-1 成形原理

3D 打印技术的成形原理是一种突破,它与传统机械制造的成形原理完全不同,如图 3-2

所示,传统机械制造普遍采用去除成形(如车削、铣削、刨削、磨削等)和受迫成形(如锻造、铸造等),而 3D 打印技术采用的是添加成形,是一种由无到有、由少到多的成形过程。

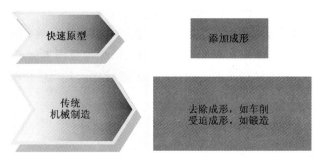

图 3 - 2　传统机械制造与 3D 打印制造原理的对比

## 3.1.2　3D 打印技术的特点

3D 打印技术的基本原理决定了 3D 打印技术应该具有如下基本特点。

第一,添加成形。从成形学的角度,3D 打印技术是层层制造、堆积造型的,在其成形过程中材料由无到有、由少到多,添加成形是 3D 打印技术的基本特征和本质特点。

第二,直接成形。两层涵义:3D 打印技术直接由原材料成形零件,无须或只须做少量加工即可使用。省去了传统机械制造中加工零件时从原材料到毛坯,再由毛坯到零件(包括粗加工、半精加工和精加工等)的复杂加工过程;这种数字化制造模式成形零件时不需要刀具、夹具等工艺装备,不需要复杂的工艺,不需要庞大的机床,不需要众多的人力,直接从计算机图形数据中便可生成零件。

第三,任意成形。由于将一个 3D 产品分解成了一个个二维截面层层制造,而成形一个二维截面简单易行,所以 3D 打印产品的形状几乎没有任何限制。

第四,数字化成形。整个加工过程是全数字化的制造过程。

从 3D 打印技术的上述基本特点,可以看出 3D 打印技术具备或者可能具备如下十大优势。

优势之一:制造复杂产品不增加成本。就传统制造而言,物体形状越复杂,制造成本越高。对 3D 打印而言,制造一个华丽的形状复杂的产品并不比打印一个简单的方块消耗更多的时间、技能或成本,所以快速原形技术特别适合制作形状复杂的产品。制造复杂产品而不增加成本将打破传统的定价模式,并改变我们计算制造成本的方式。

优势之二:产品多样化不增加成本。一台 3D 打印机可以打印许多形状,它可以像工匠一样每次都做出不同形状的物品。传统的制造设备功能较少,做出的形状种类有限。一台 3D 打印机只需要不同的数字设计蓝图和一批新的原材料,就可以随心所欲地加工出形状各异的产品,3D 打印省去了培训机械师或购置新设备的成本。

优势之三:无须组装。3D 打印能使部件一体化成形。传统的大规模生产是建立在标准化基础之上的装配生产线生产,在现代工厂,机器生产出相同的零部件,然后由工人或机器人组装。产品组成部件越多,组装耗费的时间和成本就越多。3D 打印机通过分层制造可以同时打印一扇门及上面的配套铰链,不需要组装。省略组装就缩短了供应链,节省在劳动力和运输方面的花费。另外,供应链越短,污染也就越少。

优势之四:零时间交付。3D 打印机可以按需打印。即时生产减少了企业的实物库存,企业可以根据客户订单使用 3D 打印机制造出特别的或定制的产品满足客户需求,所以新的商业模式将成为可能。如果人们所需的物品按需就近生产,零时间交付式生产能最大限度地减少长途运输的成本。

优势之五:设计空间无限。传统制造技术和工匠制造的产品形状有限,制造形状的能力受制于所使用的工具。例如,传统的车床只能制造回转体,钻床只用来加工孔,制模机仅能制造模铸形状。3D 打印机可以突破这些局限,开辟巨大的设计空间,甚至可以制作目前可能只存在于自然界的形状。

优势之六:零技能制造。传统工匠需要当几年学徒才能掌握所需要的技能。批量生产和计算机控制的制造机器降低了对技能的要求,然而传统的制造机器仍然需要熟练的专业人员进行机器调整和校准。3D 打印机从设计文件里获得各种指示,做同样复杂的物品,3D 打印机所需要的操作技能比注塑机少。非技能制造开辟了新的商业模式,并能在远程环境或极端情况下为人们提供新的生产方式,使生产制造得以向更广的人群范围延伸。

优势之七:不占空间、便携制造。就单位生产空间而言,与传统制造设备相比,3D 打印机的制造能力更强。例如,注塑机只能制造比自身小很多的物品,与此相反,3D 打印机可以制造和其打印台一样大的物品。3D 打印机调试好后,打印设备可以自由移动,打印机可以制造比自身还要大的物品。较高的单位空间生产能力使得 3D 打印机适合家用或办公使用,因为它们占用的空间小。

优势之八:减少废弃副产品。传统制造中,大多数金属和塑料零件为了生产而设计,这就意味着它们会非常笨重,并且含有与制造有关但与其功能无关的剩余物。在 3D 打印技术中,原材料只为生产所需要的产品,生产出的零件更加精细轻盈。当材料没有了生产限制后,就能以最优化的方式来实现其功能,因此,与机器制造出的零件相比,打印出来的产品的重量要轻60%,并且同样坚固。随着打印材料的进步,"净成形"制造可能成为更环保的加工方式。

优势之九:材料无限组合。对当今的制造而言,将不同原材料结合成单一产品是很难的,因为传统的制造方法不能轻易地将多种原材料融合在一起。随着多材料 3D 打印技术的发展,我们有能力将不同原材料融合在一起。材料的种类繁多,色调、形态、性能等差异很大,有些是红的、有些是蓝的,这个是耐磨的,那个是耐腐蚀的,通过 3D 打印进行多材料的复合,以前无法混合的原料复合之后,形成具有缤纷的色彩、独特的属性和功能的新材料。

优势之十:精确的实体复制。数字音乐文件可以被无休止地复制,音频质量并不会下降。未来,3D 打印将数字精度扩展到实体世界。扫描技术和 3D 打印技术将共同提高实体世界和数字世界之间形态转换的分辨率,我们可以扫描、编辑和复制实体对象,创建精确的副本或优化原件。

总之,3D 打印是一种通过材料逐层添加制造 3D 物体的变革性、数字化增材制造技术,它将信息、材料、生物、控制等技术融合渗透,将对未来制造业生产模式与人类生活方式产生重要影响。人类突破了原来熟悉的历史悠久的传统制造限制,为创新提供了舞台。

当然,就目前而言,相对于以大批量为基础的传统制造业,3D 打印技术存在着如下不足。

不足之一:成本还不够低。打印机本身的售价偏高,最便宜的桌面机价格在人民币 0.4 万元左右,高端的工业用机价格动辄几十万、几百万。使用 3D 打印机制造商品,没有规模经济的红利,使单独制造一件产品的成本,远高于规模制造大量产品后均摊到每一件产品的成本,而消费者更容易选择价格更低质量更有保证的方式。

不足之二:质量还不够高。直接成形的精度约为 0.1mm。

不足之三:稳定性还不够好。受偶然性因素的影响比较大,工艺也不够成熟。

### 3.1.3　3D 打印技术的技术步骤

3D 打印技术在现实实现的过程中具体分成四个技术步骤(图 3-3):模型设计、近似处理、切片处理和逐层制造。

图 3-3　3D 打印的技术步骤

第一,设计 3D CAD 模型。使用的绘图软件主要有 CATIA、UG、Creo、SolidWorks、MasterCAM、CAXA 等。

第二,对 CAD 模型进行近似处理。就是将 3D 实体表面用一系列相连的小三角形逼近,得到 STL 格式的 3D 近似模型文件。

图 3-4 是一个典型的 STL 格式文件。

第三,对 STL 格式文件的切片处理。

切片是将模型以片层的方式来描述,片层的厚度通常在 $50\mu m \sim 500\mu m$ 之间;无论零件形状多么复杂,对每一层来说却是简单的平面矢量扫描组,轮廓线代表了片层的边界。

图 3-4　典型的 STL 格式文件

第四,当切片处理结束后就开始对零件进行逐层制造,用 3D 打印机制作每一层,自下而上层层叠加就成为 3D 实体。

图 3-5 是 3D 打印产品制作流程的一个直观示例。

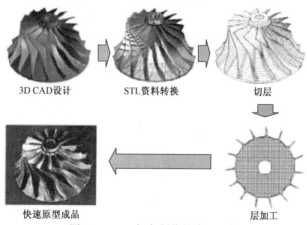

图 3-5　3D 打印制作的直观示例

### 3.1.4　3D 打印技术的生产流程

在安排生产时,一般将 3D 打印技术的技术步骤连同生产所必需的辅助工作(如后处理)分成三个阶段:数据处理、制造原型和后处理。对应于技术步骤的 3D 打印的生产流程如图 3-6 所示。

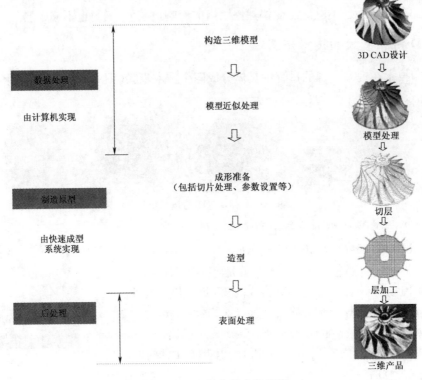

图 3-6  3D 打印的生产流程

## 3.1.5  3D 打印技术的分类

自从 1988 年世界上第一台 3D 打印机问世以来,各种不同的 3D 打印工艺相继出现并逐渐成熟。3D 打印技术通常依据使用的材料和构建技术进行分类,如图 3-7 所示。

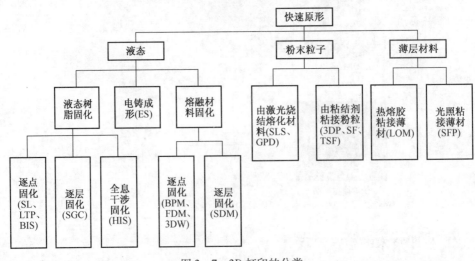

图 3-7  3D 打印的分类

目前,比较成熟的 3D 打印方法有十几种,其中最为典型的是四种:液态光敏树脂选择性固化成形通常被称为立体光刻、分层实体制造、选择性激光烧结和熔融沉积制造。下面介绍这几种典型的 3D 打印方法。

**1. 立体光刻**

液态光敏树脂选择性固化成形通常被称为立体光刻（Stereo Lithography，SL）工艺，有时也被简称为 SLA（Stereo Lithography Apparatus）。世界上第一台快速原型设备就是依据 Charles W. Hull 1986 年的美国专利，于 1988 年由美国 3D Systems 公司推出的 SLA-250 液态光敏树脂选择性固化成形机。SL 工艺是基于液态光敏树脂的光聚合原理工作的。这种液态材料在一定波长（325mm 或 355nm）和强度（$w = 10 \sim 400mw$）的紫外光的照射下能迅速发生光聚合反应，分子量急剧增大，材料也就从液态转变成固态。液槽中盛满液态光固化树脂，激光束在偏转镜作用下，能在液态表面上扫描，扫描的轨迹及激光的有无均由计算机控制，光点扫描到的地方，液体就固化。成形开始时，工作平台在液面下一个确定的深度，液面始终处于激光的焦平面，聚焦后的光斑在液面上按计算机的指令逐点扫描，即逐点固化。当一层扫描完成后，未被照射的地方仍是液态树脂。然后升降台带动平台下降一层高度，已成形的层面上又布满一层树脂，刮平器将黏度较大的树脂液面刮平，然后再进行下一层的扫描，新固化的一层牢固地粘在前一层上，如此重复直到整个零件制造完毕，得到一个 3D 实体模型（图 3-8）。这是世界上第一台快速原型系统，SLA 系列成形机目前仍占据着 RP 设备市场的较大份额。SL 方法是目前快速原型技术领域中研究最多的方法，也是技术最为成熟的方法。SL 工艺成形的零件精度较高（如图 3-9 所示的车灯外形）。多年的研究改进了截面扫描方式和树脂成形性能，使该工艺的加工精度能达到 0.1mm。但这种方法也有自身的局限性，比如需要支撑，树脂收缩导致精度下降，光固化树脂有一定的毒性以及成本高昂等。

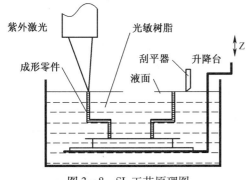

图 3-8　SL 工艺原理图

图 3-9　利用 SL 工艺制作的车灯外形

**2. 分层实体制造**

分层实体制造（Laminated Object Manufacturing，LOM）技术采用薄片材料，如纸、塑料薄膜等作为立体成形的材料，片材表面是先涂覆上一层热熔胶，将足够长度的片材卷成料带卷。加工时，用热压辊压片材，使之在一定的温度和压力下与下面已成形的工件牢固黏结；用激光器在刚黏结的新层上切割出零件截面轮廓和工件外框，并在截面轮廓与外框之间多余的区域内切割出上下对齐的网格；激光切割完成后，工作台带动已成形的工件下降，与料带分离；供料机构转动收料轴和供料轴，带动料带移动，使新层移到加工区域；工作台上升到加工平面；热压辊热压，工件的层数增加一层，高度增加一个料厚；再在新层上切割截面轮廓。如此反复直至零件的所有截面黏结、切割完，去除成形零件周围已经切割成网格的多余区域的材料，得到分层制造的实体零件(图 3－10)。LOM 工艺只须在片材上切割出零件截面的轮廓,而不用扫描整个截面,因此成形厚壁零件的速度较快,易于制造大型零件(如图 3－11 所示的泵体外壳)。由于工艺过程中不存在材料相变,因此不易引起翘曲变形,零件的精度较高,小于 0.15mm。工件外框与截面轮廓之间的多余材料在加工中起到了支撑作用,所以 LOM 工艺无须加支撑。

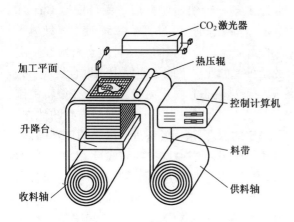

图 3－10　LOM 工艺原理图

图 3－11　利用 LOM 工艺制作的泵体外壳

### 3. 选择性激光烧结

选择性激光烧结(Selective Laser Sintering,SLS)工艺利用粉末状材料成形,由美国得克萨斯大学奥斯汀分校的 C. R. Dechard 于 1989 年研制成功。SLS 的工艺过程是:先在工作台上用滚筒铺上一层粉末材料,并将其加热至低于它的熔化温度,然后计算机控制激光束按照截面轮廓的信息,对制件的实心部分所在的粉末进行扫描,使粉末的温度升至熔化点,粉末颗粒交界处熔化而相互黏结,逐步得到各层轮廓。而在非烧结区的粉末仍呈松散状,作为工件和下层粉末的支撑,一层成形后,工作台下降一截面层的高度,再进行下一层铺料和烧结,逐步顺序叠加,最终形成一个立体的原型(图 3－12)。SLS 工艺最大的优点在于选材较为广泛,如尼龙、蜡、ABS、树脂裹覆砂(覆膜砂)、聚碳酸脂(poly carbonates)、金属和陶瓷粉末等都可以作为烧结对象,而且粉床上未被烧结部分成为烧结部分的支撑结构,因而无须考虑支撑系统(硬件和软件)。SLS 工艺与铸造工艺的关系极为密切,如烧结的陶瓷型可作为铸造之型壳、型芯,蜡型可做蜡模,热塑性材料烧结的模型可做消失模。其独特之处在于能够直接制作金属制品。

这件排量为 250CC 摩托车的发动机气缸头(图 3－13)就是由选择性激光烧结工艺制作出来的。

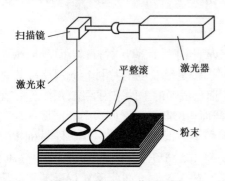

图 3－12　SLS 工艺原理图

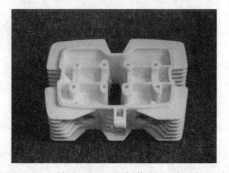

图 3－13　利用 SLS 工艺制作的发动机气缸头

#### 4. 熔丝沉积成形

熔丝沉积成形（Fused Deposition Modeling，FDM）又称熔丝沉积制造、熔融挤压成形，该技术的成形原理如图 3-14 所示。丝状热塑性材料（如 ABS 及 MABS 塑料丝、蜡丝、聚烯烃树脂丝、尼龙丝、聚酰胺丝）由供丝机构送至喷头，并在喷头中加热至熔融态，然后被选择性地涂覆在工作台上，快速冷却后形成加工工件截面轮廓。当一层成形完成后，工作台下降一截面层的高度，喷头再进行下一层的涂覆，每一个层片都是在上一层上堆积而成，上一层对当前层起到定位和支撑的作用。如此循环，最终形成 3D 产品。

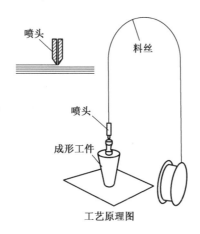

图 3-14　FDM 工艺原理

熔丝沉积成形设备无需激光器及震镜，设备初期投入资金少，没有二次投入的大量费用，是国内外现有设备中运行成本最低的。此种工艺的特点是既可以将零件的壁内做成网状结构，也可以将零件的壁做成实体结构。这样当零件壁内是网格结构时可以节省大量材料。由于原材料为 ABS 塑料（密度小），所以 1kg 材料可以制作大量原型。而且原材料的品种多，原材料的更换只需要将丝盘更换既可，操作方便，利于用户根据不同的零件选择不同的材料。熔融挤压成形的零件成形样件强度好、易于装配，且在产品设计、测试与评估等方面得到广泛应用。如图 3-15 所示的卡通玩偶模型就是通过熔丝沉积成形工艺制作的。

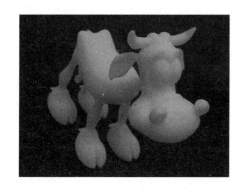

图 3-15　利用 FDM 工艺制作的玩偶模型

#### 5. 对比

四种典型的 3D 打印工艺的对比，见表 3-1。

表 3-1　四种典型的 3D 打印工艺的对比

| | SL<br>立体光刻 | LOM<br>分层实体制造 | SLS<br>选择性激光烧结 | FDM<br>熔丝沉积成形 |
|---|---|---|---|---|
| 优点 | （1）成形速度极快,成形精度、表面质量高;<br>（2）适合做小件及精细件 | （1）成形精度较高;<br>（2）只须对轮廓线进行切割,制作效率高,适合做大件及实体件;<br>（3）制成的样件有类似木质制品的硬度,可进行一定的切削加工 | （1）有直接金属型的概念,可直接得到塑料、蜡或金属件;<br>（2）材料利用率高;<br>（3）造型速度较快 | （1）成形材料种类较多,成形样件强度好,能直接制作 ABS 塑料;<br>（2）尺寸精度较高,表面质量较好,易于装配;<br>（3）材料利用率高;<br>（4）操作环境干净、安全可在办公室环境下进行 |
| 缺点 | （1）成形后要进一步固化处理;<br>（2）光敏树脂固化后较脆,易断裂,可加工性不好;<br>（3）工作温度不能超过 100℃,成形件易吸湿膨胀,抗腐蚀能力不强 | （1）不适宜做薄壁原型;<br>（2）表面比较粗糙,工件表面有明显的台阶纹,成形后要进行打磨;<br>（3）易吸湿膨胀,成形后要尽快表面防潮处理;<br>（4）工件强度差,缺少弹性 | （1）成形件强度和表面质量较差,精度低;<br>（2）在后处理中难于保证制件尺寸精度,后处理工艺复杂,样件变型大,无法装配 | （1）成形时间较长;<br>（2）做小件和精细件时精度不如 SLA |
| 设备购置费用 | 高昂 | 中等 | 高昂 | 低廉 |
| 维护和日常使用费用 | 激光器有损耗,光敏树脂价格昂贵,运行费用很高 | 激光器有损耗,材料利用率很低,运行费用较高 | 激光器有损耗,材料利用率高,原材料便宜,运行费用居中 | 无激光器损耗,材料的利用率高,原材料便宜,运行费用极低 |
| 发展趋势 | 稳步发展 | 渐趋淘汰 | 稳步发展 | 飞速发展 |
| 应用领域 | 复杂、高精度、艺术用途的精细件 | 实心体大件 | 铸造件设计 | 塑料件外形和机构设计 |

　　3D 打印作为一种崭新的加工方式,自出现以来得到了广泛的关注,人们对其成形工艺方法的研究一直十分活跃。除了前面介绍的四种 3D 打印基本方法比较成熟之外,其他的许多技术也已经实用化,如 3D 打印快速成形、数码累积成形(Digital Brick Laying,DBL)、光掩膜法(Solid Ground Curing,SGC,也称立体光刻)、弹道微粒制造(Ballistic Particle Manufacturing,BPM)、直接壳法(Direct Shell Production Casting,DSPC)、3D 焊接(Three Dimensional Welding TDW)、直接烧结技术、全息干涉制造、光束干涉固化等。

　　由于 3D 打印技术的工艺方法有多种,同样的工艺方法不同的企业推出自己不同的商品化设备,有些还处于实验室阶段,所以 3D 打印设备种类很多。各种 3D 打印制造设备可以说是相应的 3D 打印技术方法以及相关材料等研究成果的集中体现,3D 打印系统是 3D 打印技术应用的核心与关键,3D 打印系统的先进程度是衡量 3D 打印技术发展水平的标志。和 3D 打印技术方法一样,目前,商品化比较成熟的设备系统有立体光刻3D打印系统、分层实体制造3D打印系统、熔丝沉积3D打印系统,以及选择性激光烧结3D打印系统等。本书具体介绍熔丝沉积3D打印系统和选择性激光烧结3D打印系统。

## 3.2　熔丝沉积快速原型系统

　　本节主要以北京太尔时代的S250双喷头3D打印机/快速原型系统(图3-16)为例,简要介绍熔丝沉积快速原型系统。对于本书案例中使用的桌面UP!3D打印机(图3-17),由于与S250双喷头3D打印机/快速原型系统原形原理相同,结构(图3-18)和界面(图3-19)与S250类似,但相对简单,又都是同一公司的产品,所以这里不作过多介绍。

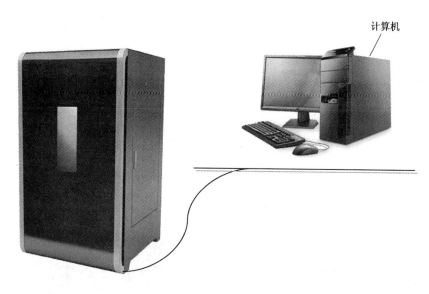

图3-16　S250 3D打印机/快速原型系统

图3-17　UP!3D打印机系统

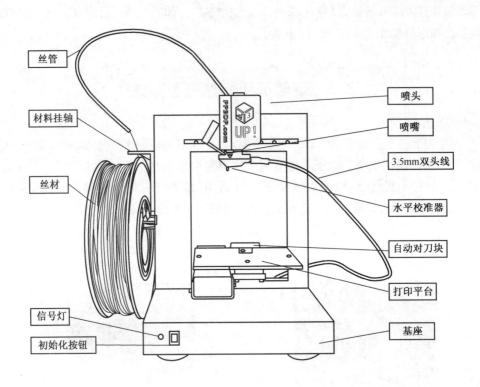

图 3-18　UP! 3D 打印机系统前视图

图 3-19　UP! 3D 打印机主操作界面(图的上面为菜单与工具条的放大图)

## 3.2.1　系统工作原理

S250 3D 打印机/快速原型系统采用熔丝沉积成形原理,它是将丝状的热熔性材料加热熔化,通过一个带有微细喷嘴的喷头挤喷出来,在计算机控制下,喷头按路径移动出丝,喷丝粘结在工作台已有层面上,如此反复沉积,直至最后一层,这样熔丝黏结形成所要求的实体模型,如图 3－14 所示。

具体过程如下:

喷头装置在计算机的控制下,根据加工工件截面轮廓的信息作 X、Y 平面运动,而工作台作 Z 方向(垂直高度)的运动。丝状热塑性材料(如 ABS 及 MABS 塑料丝、蜡丝、聚烯烃树脂丝、尼龙丝、聚酰胺丝)由供丝机构送至喷头,并在喷头中加热至熔融态,然后被选择性地涂覆在工作台上,快速冷却后形成加工工件截面轮廓。当一层成形完成后,工作台下降一截面层的高度,喷头再进行下一层的涂覆,每一个层片都是在上一层上堆积而成,上一层对当前层起到定位和支撑的作用。如此循环,最终形成 3D 产品,如图 3－14 所示。

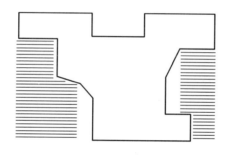

图 3－20　熔融沉积支撑

随着高度的增加,层片轮廓的面积和形状都会发生变化,当形状发生较大的变化时,上层轮廓就不能给当前层提供充分的定位和支撑作用,这就需要设计一些辅助结构——"支撑"(图3－20),对后续层提供定位和支撑,以保证成形过程的顺利实现。

熔丝沉积成形制造工艺的优点在于:

(1)成形材料种类较多,成形样件强度好。能直接制作 ABS 塑料;用蜡成形的零件原型,可以直接用于失蜡铸造。用 ABS 制造的原型因具有较高强度而在产品设计、测试与评估等方面得到广泛应用。近年来又开发出 PC、PC/ABS、PPSF 等更高强度的成形材料,使得该工艺有可能直接制造功能性零件。

(2)尺寸精度较高,表面质量较好,易于装配。

(3)操作环境干净、安全,可在办公室环境下进行。后处理简单,仅需要几分钟到一刻钟的时间剥离支撑后,原型即可使用。而现在应用较多的 SL、SLS、3DP 等工艺均存在清理残余液体和粉末的步骤,并且需要进行后固化处理,需要额外的辅助设备。这些额外的后处理工序一是容易造成粉末或液体污染,二是增加了几个小时的时间,不能在成形完成后立刻使用。

(4)材料的利用率高,原材料便宜,运行及购置设备费用低廉。与其他使用粉末和液态材料的工艺相比,丝材更加清洁,易于更换、保存,不会在设备中或附近形成粉末或液体污染。不使用激光,维护简单、成本低。

(5)成形速度较快:一般较高的成形速度可以达到 30～80cm³/h。对于厚壁或实体零件,可以达到 100~200cm³/h 的高速度。

## 3.2.2　系统主要性能参数

S250 双喷头 3D 打印机/快速原型系统主要参数见表 3-2。

表 3-2　3D 打印机/快速原形系统主要参数

| 型　　号 | S250 |
| --- | --- |
| 工艺 | MEM——熔融挤压成形 |
| 成形材料 | ABS B501 |
| 支撑材料 | ABS S301 |
| 材料盒 | 盘式 |
| 分层厚度 | 0.2、0.25、0.3、0.35、0.4mm |
| 成形空间 | 150mm×200mm×250mm |
| 精度 | ±0.2mm/100mm |
| 支撑材料去除方式 | 手工剥除 |
| 操作系统 | Win7，Vista，XP |
| 温控系统 | 机床自动调节 |
| 电源要求 | 220~240V，良好的地线 |
| 额定功率 | 1.5kW |
| 操作环境 | 温度 15~20℃；湿度 10~50%RH |

## 3.2.3　系统结构描述

3D 打印机/快速原型系统分为主机和电控系统两部分（图 3-16）。电控系统主要由计算机及相关部分组成，完成数据的准备工作。主机主要由以下几部分构成：喷头及送丝机构、XY 扫描运动系统、升降工作台系统、加热及温控系统和成形室。

控制系统和主要机械部分结构示意图如图 3-21 所示。

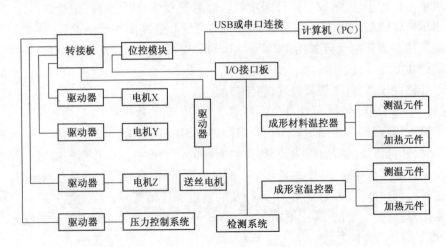

图 3-21　控制系统原理图

（1）喷头及送丝机构：成形材料由料盘送入送丝机构，然后由送丝机构的一对滚轮送入送丝管（图 3－22），送丝机构通过送丝管和喷头连接，最终送入喷头中。喷头将送丝机构送来的丝材加热至熔融态，由喷嘴喷出，达到出丝的目的。喷头分为主喷头和副喷头，主喷头喷出主材，形成原型的主体，副喷头喷出较脆的易剥离的辅材，形成支撑。同一时间双喷头中只能一个喷头单独工作。

（2）XY 扫描运动系统：由丝杠、导轨、伺服电机组成，在计算机的控制下带动喷头在水平面内做平移运动，加工出工件的一个层面。

图 3－22　料盘箱

（3）升降工作台系统：由步进电机、丝杠、光杠、台架组成，可以使工作台在垂直面内上下移动。

（4）加热及温控系统：除了喷头内料丝的温度可以控制，成形室内的温度也可以调控，温控系统由加热元件、测温器和风扇组成。

（5）成形室：主机内部的空间即是成形室。关闭主机前门之后，主机内部即形成了一个封闭的空间，它与加热及温控系统一起完成升温、保温的工艺要求，如图 3－23 所示。

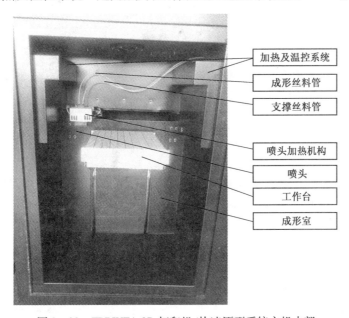

图 3－23　FPRINTA 3D 打印机/快速原型系统主机内部

## 3.2.4　系统操作

在模型的数据处理完成后，即可在 3D 打印系统中完成模型的制作。具体的操作过程

如下:

**1. 开机前准备**

(1) 检查料盘,保证料丝充足。

(2) 检查成形室,保证底板完整、干净,不应有任何物品。

(3) 检查电源线路,保证电源线路正常。

**2. 开机操作**

(1) 接通电源,打开电源总开关;打开成形室照明开关和设备开关(设备后面上部)。

(2) 启动计算机,运行 Aurora 软件,软件启动后的界面如图 3-24 所示。其界面和一般的软件基本相同,可以通过菜单、工具条和左侧的工作区窗口进行操作。

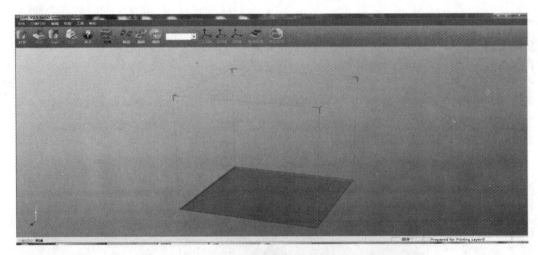

图 3-24　Aurora 软件界面(图的上面为菜单与工具条的放大图)

**3. 成形准备工作**

(1) 载入 STL 格式文件:文件的输入通过"载入模型" 载入模型 来实现,如果模型已经处理完毕,也可直接载入 CLI 模型,跳过以下四步。

(2) 模型的校验与修复:使用"校验并修复" ✓ 校验并修复 可以自动修复模型的错误。

(3) 模型的放置:通过"自动布局" 自动布局 和"模型变形"(图 3 - 25)命令,将模型以合适的大小和方向放置。

成形方向的选择比较复杂,应根据成形件的具体情况,综合考虑表面质量、强度、稳定性、成形时间,以及成形空间、支撑和后处理等多种因素加以确定。以下列举一些主要的选择依据及原则供参考。

成形方向的选择依据:

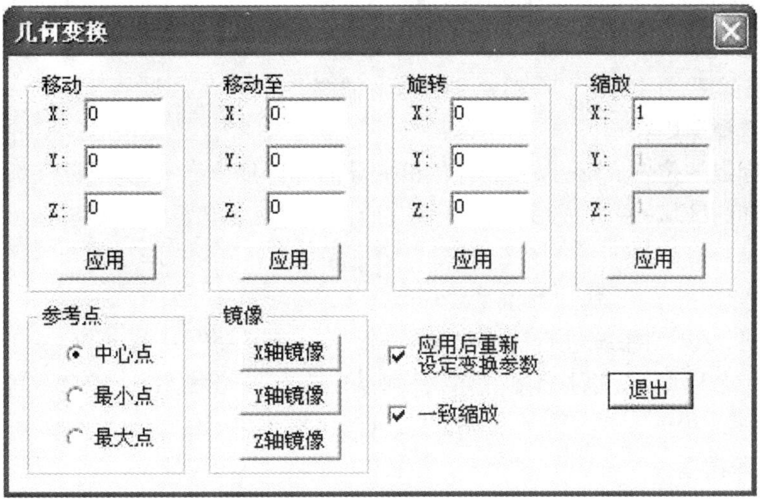

图 3-25　"模型变形"对话框

不同表面的成形质量不同,上表面好于下表面,水平面好于垂直面,垂直面好于斜面;水平面上的圆孔、立柱质量最好;水平方向的强度高于垂直方向的强度;支撑面积大而高度低稳定。

成形方向的选择原则:

有平面的模型,以平行和垂直于大部分平面的方向摆放;选择重要的表面作为上表面;较小直径(小于 10)的立柱、内孔等尽量选择垂直方向成形;选择强度要求高的方向为水平方向;减少支撑面积,降低支撑高度。避免出现投影面积小、高度高的支撑出现。

(4) 选择分层参数,进行分层:选择菜单"模型 ">" 分层"或单击 ![按钮] 分层…… 按钮启动分层命令,弹出"分层参数"对话框,如图 3-26 所示。

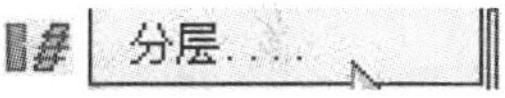

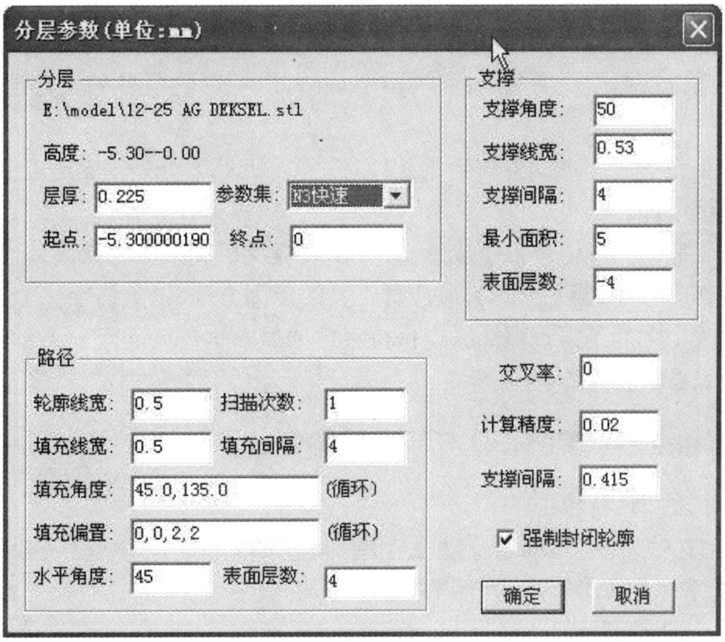

图 3-26　"分层参数"对话框

根据 3D 打印机/快速原型系统安装的喷头大小和实际需要,选择合适的参数集,对 3D 模型进行分层处理。

(5)在二维模型空间台面上拖动模型到合适位置。

成形位置选择原则:

应避免在固定的位置成形,以免该部位机械导向部件加速磨损;为保证底板充分利用,多次成形应选择不同的区域;一次成形多个模型时应尽量紧凑,但要留出足够的间隙(3～5mm 即可)。

(6)初始化 3D 打印机/快速原型系统。

如果刚开机,必须对系统进行初始化,选择命令"文件"→"3D 打印机"→"初始化"。如果系统刚完成前一个模型,或者刚修复好错误,则需要恢复就绪状态,选择命令"文件"→"3D 打印机"→"恢复就绪状态"。

**4. 开始打印模型**

打印模型将输出所有已载入的二维模型,并非选中的层片模型。

系统要求确认工作台高度时,一般只需单击"确定"按钮即可。因为本 3D 打印机可自动记录工作台高度,如果未更换喷头,不需重新确定工作台高度。当系统显示"存入 SD 卡完成"之后,Aurora 软件只能通过"初始化"使设备停机,其他任何操作都对设备不起作用。

**5. 观察加工过程,如果出现异常,可以"初始化"或者"关机"**

**6. 打印完成,取出模型**

**7. 关机或重新开始制作另外一个模型**

**8. 模型后处理**

## 3.2.5 系统注意事项

(1)操作前应检查成形室,清理障碍物。

(2)喷头在运动时,不应打开成形室的门,身体任意部位不应进入成形室。

(3)注意观察设备周围地上的电源线,不要触碰,以免影响设备的正常运行以及造成其他安全事故。

(4)设备加工完毕后应将设备初始化,以使设备的机械部分处于最佳受力状态,然后切断计算机及电控系统电源。

(5)设备加工完毕后应清理设备成形室、工作底板及相关工作区域,工具摆放整齐。

(6)清理工作底板和去除支撑时,应注意工具的使用方法,以免伤手。

(7)成形过程中尤其是清理喷头时应保持室内通风。

(8)定期对设备进行保养。

## 3.2.6 熔丝沉积成形(FDM)3D 打印实践案例

**1."球在盒中"的 3D 打印**

本案例"球在盒中"使用 FDM 工艺方法制造,通过 S250 3D 打印机/快速原型系统的具体操作,帮助读者熟悉和了解 FDM 制造产品的方法。

1)构造 3D CAD 模型

使用 Creo(SolidWorks /UG 等)软件按照国标标准绘制"球在盒中"。

2）模型的近似处理,生成 STL 格式文件

选择"文件",保存副本,选择后缀名 STL 保存,模型变为由三角形的面片表示的 STL 格式文件。

注意:模型存为 STL 格式文件之后,将无法再在原来绘制图形的软件中打开。

3）做好开机前准备

打开 S250 3D 打印机/快速原型系统后上部的能按下去的两个开关。

4）使用 Aurora 软件进行数据处理

（1）打开 Aurora 软件,导入"球在盒中"STL 格式文件,如图 3-27 所示。

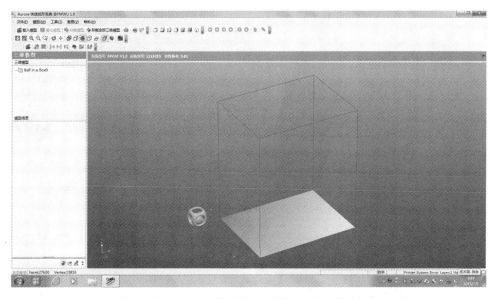

图 3-27　在 Aurora 软件中打开模型的 STL 格式文件

（2）使用"校验并修复"　✓ 校验并修复　自动修复模型的错误,如图 3-28 所示。

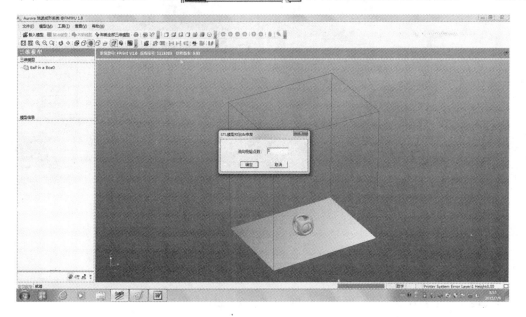

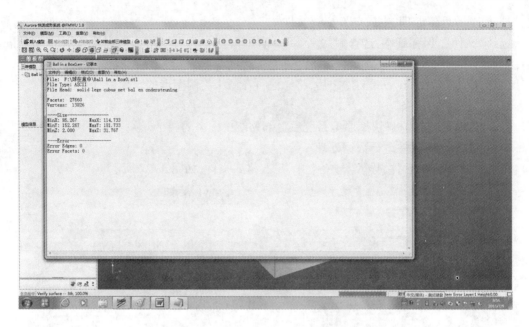

图 3-28　对模型的 STL 格式文件进行自动修复

（3）对 STL 格式文件进行缩放、自动布局等操作，将模型摆放在合适的成形方向和成形位置，如图 3-29 所示。

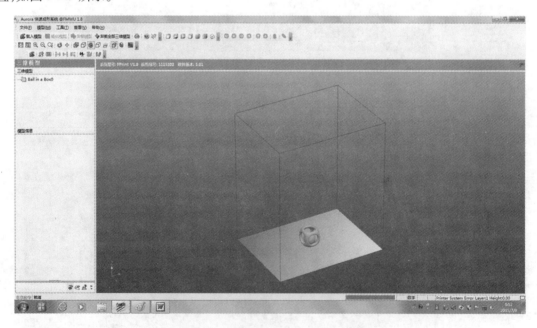

图 3-29　放好的模型的 STL 格式文件

（4）选择菜单"模型"→"分层"或单击 ▮▮▮ 分层…… 按钮，启动分层命令。系统弹出"分层参数"对话框，默认参数不变，参数集选择 set1 进行分层（图 3－30）。分层结束后系统自动切换到二维模型空间，显示模型的二维层片信息（图 3－31）。

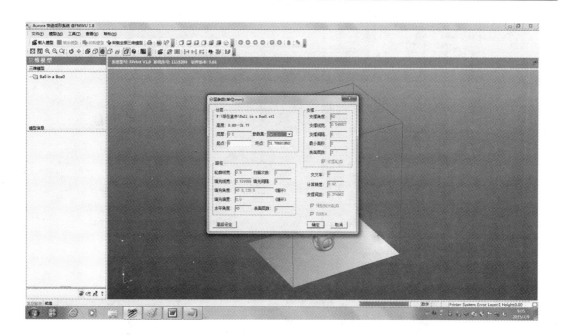

图 3 – 30　分层参数的选择

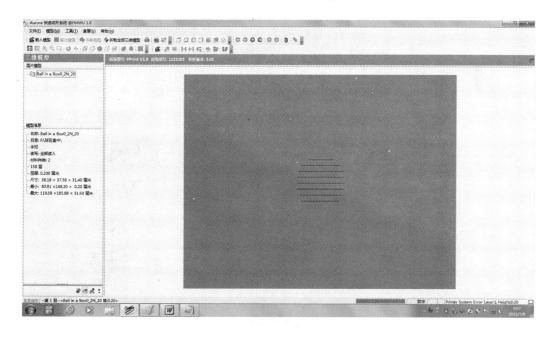

图 3 – 31　分层结束后看到的二维层片文件

（5）选择"文件"→"3D 打印"→"预估打印"，预估模型打印的时间和所用材料重量（图 3 – 32）。

5）初始化

选择"文件"→"3D 打印机"→"初始化"，初始化 3D 打印机，初始化完成后跳出初始化完成面板（图 3 – 33）。

图 3－32　模型的预估打印

图 3－33　"初始化完成"面板

6）开始打印

　　选择"文件"→"3D 打印"→"打印模型"，系统显示"3D 打印"面板（图 3－34），选择并确定后，跳出"设置工作台高度"面板（图 3－35），单击"确定"后，主界面显示 3D 打印机的信息，稍后跳出"写入 SD 卡完成"界面（图 3－36）。系统经预热后，开始打印。打印好的模型如图 3－37 所示。

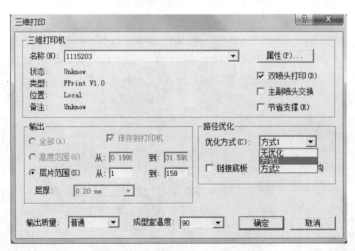

图 3－34　模型的"3D 打印"设置

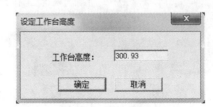

图 3－35　工作台高度设置

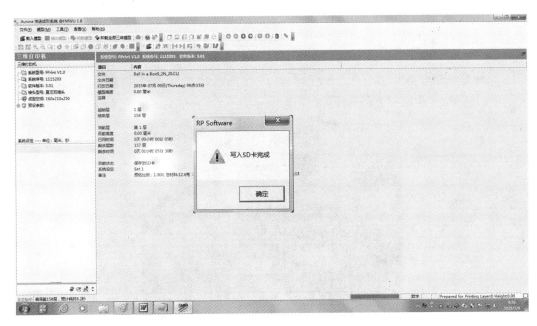

图 3-36　3D 打印机信息及"写入 SD 卡完成"界面

7）后处理

包括设备保温、取出模型、支撑结构去除、试件打磨等过程。"球在盒中"模型表面可以保持具有一定成形纹理的原状，无须做打磨处理。如果表面出现成形缺陷，在不影响美观的情况下进行修补。图 3-38 所示为后处理过的模型。

图 3-37　打印好的"球在盒中"模型

图 3-38　后处理过的"球在盒中"模型

**2."骷髅头"的 3D 打印**

本案例"骷髅头"使用 FDM 工艺方法制造，通过桌面 UP! 3D 打印机的具体操作，帮助读者熟悉和了解 FDM 制造产品的方法。

1）构造 3D CAD 模型

使用 Creo（SolidWorks /UG 等）软件按照国家标准绘制或者反求出"骷髅头"模型。

2）模型的近似处理，生成 STL 格式文件

选择"文件"，保存副本，选择后缀名 STL 保存，模型变为由三角形的面片表示的 STL 格式文件。

3）做好开机前准备

打开 UP! 3D 打印机后下部的开关（图 3-39）。

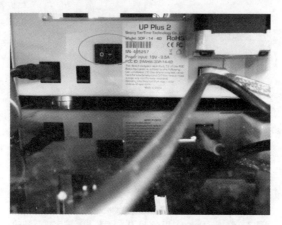

图 3-39  UP! 3D 打印机的开关

4）使用 UP! 软件进行数据处理

（1）打开 UP! 软件，导入"骷髅头"STL 格式文件，如图 3-40 所示。

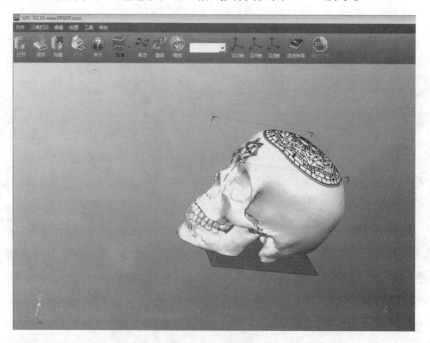

图 3-40  在 UP! 软件中打开模型的 STL 格式文件

（2）对 STL 格式文件进行缩放、自动布局等操作，将模型摆放在合适的成形方向和成形位置，如图 3-41 所示。

（3）在"3D打印"→"设置"或"3D打印"→"打印预览"→"选项"或"3D打印"→"打印"→"选项"中选择层片厚度、填充形式等,对模型进行打印设置(图3-42)。

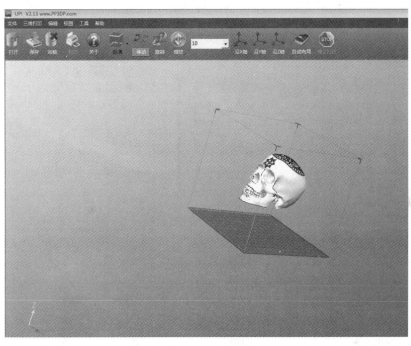

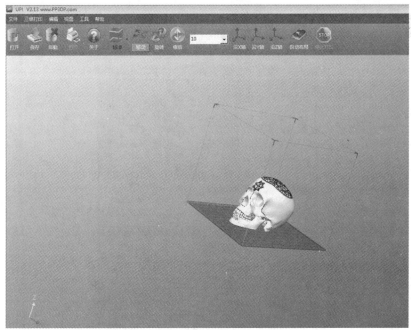

图3-41　放好的模型的STL格式文件

5）初始化

按动 UP! 3D打印机前下部的初始化按钮(图3-18),初始化 UP! 3D打印机。

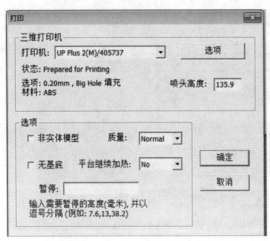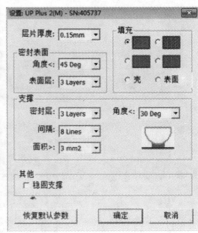

图 3-42　模型的"打印"设置

6）开始打印

选择"3D 打印"→"打印"，系统显示造型需要的材料重量、加工时间、完成时间等信息，按"确定"开始模型的造型。

7）后处理

包括取下带模型的底板、从底板上取出模型、支撑结构去除、试件打磨等过程。"骷髅头"模型表面应该保持具有一定成形纹理的原状，无须做打磨处理。如果表面出现成形缺陷，在不影响美观的情况下进行修补。图 3-43 所示为后处理过的模型。

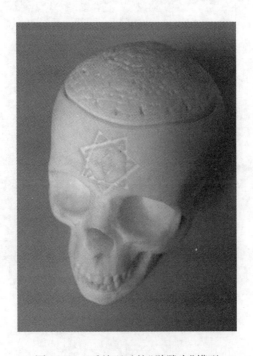

图 3-43　后处理过的"骷髅头"模型

## 3.3　激光选区熔化快速原型系统

本节以德国 Concept Laser 公司 M2 金属快速成形机(图 3 – 44)为例,简要介绍 SLM (Selective Laser Melting)的原理、结构、操作方法及其注意事项。

图 3 – 44　M2 Cusing Laser CUSING ®成形机

1—提取和过滤系统;2—激光系统;3—M2 Cusing 成形系统。

### 3.3.1　系统工作原理

M2 Cusing 系统工作原理是基于快速原型的最基本思想。如图 3 – 45 所示,用逐层添加方式根据 CAD 数据直接成形具有特定几何形状的零件,成形过程中金属粉末完全熔化,产生冶金结合。

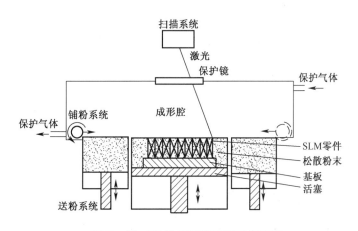

图 3 – 45　M2 快速原型系统工作原理

工作时,首先根据成形件 3D CAD 模型的分层切片信息,扫描系统(振镜)控制激光束作用于待成形区域内的粉末。一层扫描完毕后,成形腔内的活塞会下降一个层厚的距离;接着送粉系统输送一定量的粉末($30\sim50\mu m$),铺粉系统的刮刀铺展一层厚的粉末沉积于已成形层之上。然后,重复上述 2 个成形过程,直至所有 3D CAD 模型的切片层全部扫描完毕。这样,3D CAD 模型通过逐层累积方式直接成形金属零件。最后,成形腔上推,取出基板和零件。至此,SLM 金属粉末直接成形金属零件的全部过程结束。

### 3.3.2　系统主要性能参数(表 3 - 3)

表 3 - 3　系统主要性能参数

| 规格 | Concept M2 Cusing 金属成形机 |
|---|---|
| 成形尺寸 | 250mm×250mm×280mm($x,y,z$) |
| 熔铸层厚 | $20\sim80\mu m$ |
| 生产速度 | $2\sim10cm^3/h$(因材不同而变) |
| 激光系统 | 200W(cw)光纤激光,也可选 400W(cw)最高 |
| 最大扫描速度 | 7m/s |
| 光斑直径 | $50\sim200\mu m$ |
| 联接负载 | 耗能 7.4kW 电源 3 项交流电 400V,32A 压缩气体 5bar(即 0.5MPa) |
| 惰性气体供应 | 提供两种惰性气体氮气发生器(可选) |
| 惰性气体消耗 | $<1m^3/h$ |
| 设备尺寸 | 2440mm×1630mm×2354mm(长×宽×高) |
| 设备质量 | 2000kg |
| 运行环境温度 | $15\sim35℃$ |
| 夹具系统参考 | 瑞士爱路华 3R 夹具 |
| 加工材料 | ・ CL20ES 不锈钢(1.4404)<br>・ CL30AL 铝(AISI12)<br>・ CL40TI 钛合金(TIAI6V4)<br>・ CL40TI ELI 钛合金(TiAl6V4 ELI)<br>・ CL50WS 热作钢(1.2709)<br>・ remanium star CL 钴铬铸造合金(德国登特伦品牌)<br>・ CL91RW 不锈钢热作钢<br>・ CL100N 镍合金(inconel 718)<br>・ CL110CoCr 钴铬铸造合金(F75)<br>・ rematitan CL 钛合金(德国登特伦品牌) |

### 3.3.3　系统结构描述

Concept Laser M2 系统主要由以下几个部分组成。

1) M2 cusing 成形机

M2 cusing 成形机整体结构如图 3 - 46 所示。结构可以被划分成两个部分,机器的左侧是处理站,右侧是加工站,如图 3 - 47 所示。

图 3 - 46　M2 整体结构图

1—机体左手侧(处理站侧视图);2—左手推拉门进入处理站;

3—右侧滑门看过程中的观察窗;4—连接粉末容器;5—信号柱;6—控制面板。

（1）加工站的结构组成如图 3 - 48 所示。整个前、后处理过程都是在惰性气体环境下进行的。加工之前，为了保证成形过程的惰性环境，在处理站向加工站移动的工作空间内有可充气密封件(膨胀密封)模块，用来密封。

（2）处理站的结构组成如图 3 - 49 所示。为了在保护性气氛下工作的安全和保证构建模块的密封，结构使用不透气的手套箱。操作员通过手套箱来进行处理站内的相关工作。

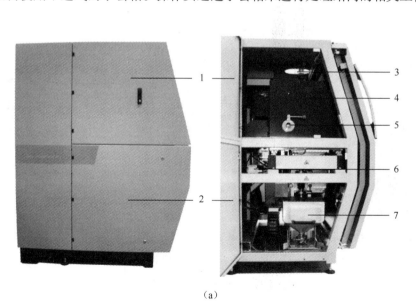

（a）

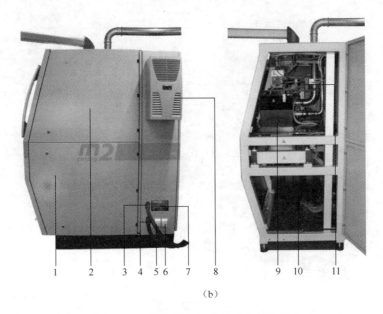

（b）

图 3-47　处理站与加工站整体结构组成

（a）处理站侧视图

1—上安全门；2—下安全门；3—粉末容器连接管；4—手套箱；5—湿式分离器连接处；
6—安装升降装置的接地线的位置；7—粉末容器（成形模块在处理站中）。

（b）加工站侧视图

1—下侧门（关闭）；2—上侧门（关闭）；3—电源线；4—风机连接线路；5—（未分配）；
6—网络连接；7—铭牌；8—壁挂式散热器；9—加工单元；10—工艺室；11—加工站。

图 3-48　加工站结构组成

1—蝶阀；2—提取系统；3—扫描头；4—工艺室；5—QM Meltpool 摄像系统；
6—加工室门的安全开关；7—照明灯；8—扫描头镜头；9—带有防护玻璃的门。

图 3‒49　处理站结构组成

1—连接湿式分离器;2—ESD 接口;3—成形腔;4—送粉腔;5—处理站开口;

6—蝶阀;7—手套;8—挡光板;9—提取软管;10—压力补偿滤波器;11—工具储藏室;12—入口软管;13—手套箱板。

2）显示和操作元件

主要由信号柱和控制面板组成。

（1）信号柱。

M2 成形机采用信号柱（图 3‒50）来显示机器工作的状态。信号对应提示见表 3‒4。

图 3‒50　信号柱

表 3‒4　信号对应提示

| 信号 | 工 作 状 态 |
| --- | --- |
| 红色 | 因为故障,成形过程中断 |
| 黄色闪烁 | 即将充入惰性气体 |
| 绿灯闪烁 | 成形过程完成 |
| 绿色 | 成形过程继续 |

（2）控制面板。

M2 成形机的控制面板通过旋转臂连接到主机上,主要分成显示器、控制键和输入设备（键盘和鼠标）,如图 3‒51 所示。

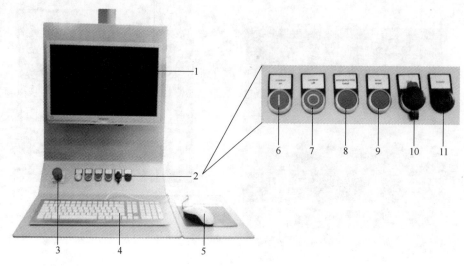

图 3 - 51　控制面板

1—显示器；2—按钮区；3—紧急停止开关；4—键盘；5—鼠标；6—"开启"按钮；7—"关闭"按钮；
8—"急停复位"按钮；9—"错误复位"按钮；10—USB 端口；11—"蜂鸣器"。

### 3.3.4　系统操作

1）开机说明

为了保证安全运行，在 Laser CUSING ®开机前有必要进行一些检查。

（1）检查主机的所有线路。

（2）检查主机上的所有插头连接。

（3）检查激光系统中冷却液的液位。

（4）检查激光系统上的按键开关是否处于"REM"的位置。如果不是，请将开关调至"REM"位置。

（5）如果气温和空气湿度较高，靠近墙壁处，在冷却器的冷凝水排出口的下方放置一个收集容器。

（6）检查个人防护设备（防护目镜、防护工作服、呼吸面罩和 ESD 套件等，见表 3 - 5），保证人身安全，从而更好地进行工作。

表 3 - 5　当接触金属粉末时都必须穿戴好的个人防护设备

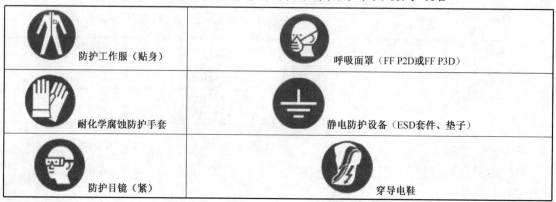

2）开机操作

（1）打开粉末吸取和过滤系统:将按钮切换至"1",如图3－52所示。

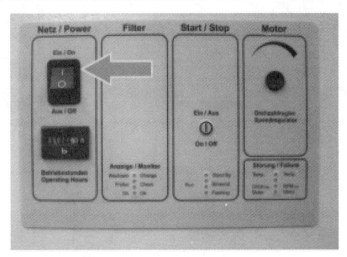

图3－52　粉末吸取和过滤系统按钮

（2）打开激光系统:机盖后面的按键开关必须位于"REM"位置,激光系统前面的按键开关必须转至"Laser ON"位置,如图3－53所示。

图3－53　激光系统开关

图3－54　主开关按钮

（3）打开 M2 主机:将机身后部开关柜上的主开关按钮转至"I"位置,如图3－54。

（4）打开主机的控制电压:按下控制面板上的"control on"按钮,"control on"按钮指示灯变成绿色,如图3－55。

（5）使主机控制器恢复正常工作:确保紧急停止开关没有被按下,且没有其他危险情况存在,按下主机控制面板上的"emergency－stop reset"按钮,如图3－56。

（6）微软 Windows 系统用户登录。

（7）打开 Concept laser 软件:双击 Concept laser 快捷方式 启动软件,如图3－57。

（8）单击按钮 :出现主机控制界面,如图3－58。

3）成形准备工作

操作机器前必须做到以下几点:

（1）检查所有的构建模块的运动路径是自由的。在处理站,构建模块本身以及构建模块行进路线中,不能有工具、组件以及其他的物体。

图 3 - 55　主机的控制电压按钮

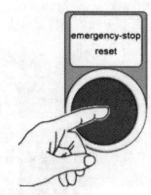

图 3 - 56　"emergency - stop reset"按钮

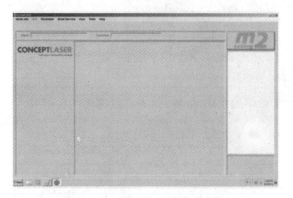

图 3 - 57　Concept laser 软件界面

图 3 - 58　主机控制界面

（2）检查构建模块的位置：构建模块必须位于设立的处理站中（如果构建模块处于加工站中，它必须移到处理站中）。将成形室中成形平台降低到它的下端位置，以防止部件和机器之间的碰撞；将构建模块移至处理站。

（3）检查控制面板上的故障显示：如果显示故障（控制面板上的"error reset（错误复位）"按钮闪烁），机器控制器不能正常工作，如图 3 - 60 所示。

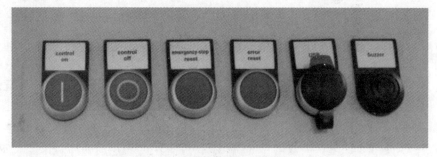

图 3 - 59　控制面板上的故障显示

故障的可能原因是：手套还在手套箱里，意味着手套箱的挡光板被中断；一个或多个激光安全回路的门是打开的；构建模块的一轴被手动移至终点开关位置。

纠正错误信息的原因，按下"error reset（错误复位）"按钮重新使机器控制器正常工作。

（4）执行一次试运行。送粉器、成形腔和剂量室的状态显示为"n. R."，表示尚未引用，如

图 3 - 60 所示。

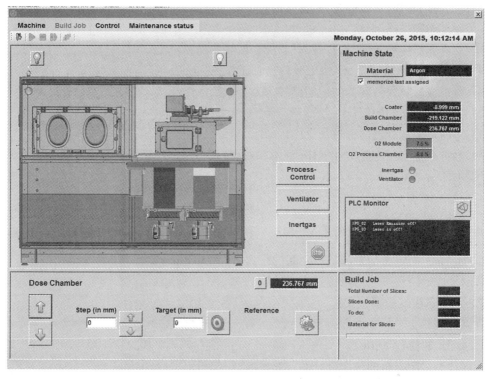

图 3 - 60　送粉器、成形腔和剂量室的状态显示

4）基板准备

在基板放入处理站前，必须将基板加以清理（注意：喷砂处理，不锈钢基板须去磁），如图 3 - 61 所示为基板处理前后对比图。

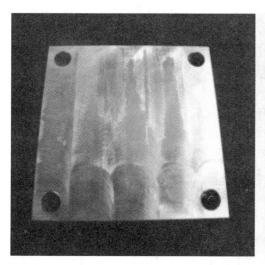

图 3 - 61　基板处理前后对比图

5）安装刮刀

将橡胶条安装到金属夹具上，用塞尺调整刮刀与基板间隙。

6）手套箱内充入惰性气体

在加工活性金属材料钛合金、铝合金时需要充入氩气。

7）加入金属粉末

将粉末容器连接列入粉口，打开阀门，加金属粉到送粉缸。

8）金属粉末加入完成后，将成形腔移至加工站内

（1）检查成形腔内各部位的运动路径。

（2）关闭处理站的侧门。

（3）将成形腔从处理站移进加工站内。

（4）再将加工室内充进惰性气体（注意：根据金属材料活性来选择惰性气体，并且必须控制成形过程中的氧含量≤2.0%）。

9）开始成形加工

（1）启动机器控制器：

① 定义基板的零位置：在 Concept Laser 机器软件中，下降和上升值可以通过菜单项中"Install Machine"来定义刮刀和基板之间的距离，设置为 30μm。

② 定义成形腔设置的初始位置为零位置。

（2）定义送粉缸的零位置：

① 将刮刀移至送粉缸上方。

② 移动送粉缸（500μm）。

③ 移动刮刀至基板的左上方，刚好为一个均匀的粉末层厚度。

④ 再移动刮刀至初始位置即送粉缸正右上方。

⑤ 定义此时的送粉缸位置为零位置。

（3）开始加工过程：

① 手动暴露第一层粉。

② 开始自动化加工过程。

10）观察加工过程

打开成形室的侧门不会中断成形过程。透过成形腔周围的激光防护玻璃，可以清楚地观察到整个加工过程。为了获得更好的视觉，可以打开成形腔内的照明灯。

11）加工过程完成

一旦加工过程完成后，显示器上会有相关的信息提示，同时 Laser CUSING ® 机器的信号栏闪绿灯。同时，惰性气体的供应会自动停止。

12）将成形模块移至处理站中。

（1）打开处理站的侧门。

（2）检查成形模块的运动路径是否存在任何障碍。

（3）将成形模块移至处理站中。

（4）在成形模块移入到处理室后，直接向手套箱充入惰性气体。

13）取出零件（注意人身安全，必须穿戴好防护设备）：

（1）将送粉缸内工作台降至最低位置。

（2）检查成形工作台没有向上移动，并且没有挡住刮刀的运动路径。

（3）将刮刀移到送粉缸的最右上方。

（4）使用刷子和铲子将零件周围的金属粉末清除。

（5）停止向处理站中充惰性气体。

（6）用盖子将送粉缸盖好。

（7）清除零件、基板和成形腔内的残余粉末。

（8）拆除基板。

（9）戴好个人防护设备。

（10）打开手套箱侧挡板。

（11）拿出基板和零件。

（12）关闭手套箱侧挡板。

## 3.3.5　系统安全及注意事项

（1）检查主机的所有线路。

（2）检查 M2 配套仪器的状态，确保工作时可以正常工作。

（3）开机时机器手套箱舱门需处于关闭状态。

（4）检查个人防护设备（防护眼罩、工作服、呼吸面罩和 ESD 套件）。

（5）确保充入正确的保护气，并检查充入气体的气压与流量。

（6）检查所有的构建模块的运动路径是自由的。

（7）处理粉末时，注意操作安全，避免粉末与空气和人体的接触。

（8）每次加工完需对主机及相关机器进行清洗。

## 3.3.6　激光选区熔化（SLM）快速成形实践案例

本案例"拉伸试件"使用 SLM 工艺方法制造，通过 MZ Cusing 成形机的具体操作帮助读者熟悉和了解 SLM 制造试件的方法。

1）构造 3D CAD 模型

使用 SolidWorks（Creo/UG 等）软件按照国家标准绘制"拉伸试件"，如图 3－62 所示。

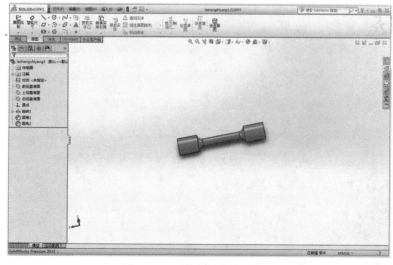

图 3－62　"拉伸试件"3D 模型

2）模型的近似处理，生成 STL 格式文件

选择"文件"→"另存为"STL 格式文件（图 3-63）。

图 3-63    另存为 STL 格式文件

3）Magics 软件进行数据处理

（1）打开 Magics 软件，导入"拉伸试件"STL 格式文件（图 3-64）。

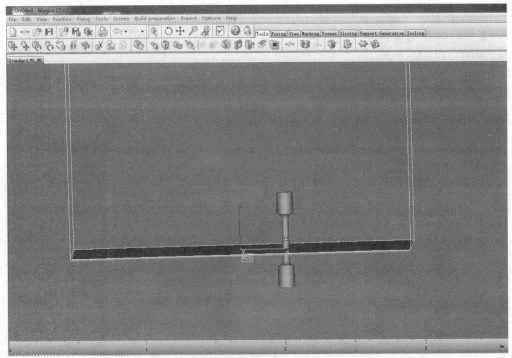

图 3-64    在 Magics 软件中导入的"拉伸试件"STL 格式文件

（2）对数据进行修复，并调整零件成形方向，具体操作如图 3 - 65 所示。

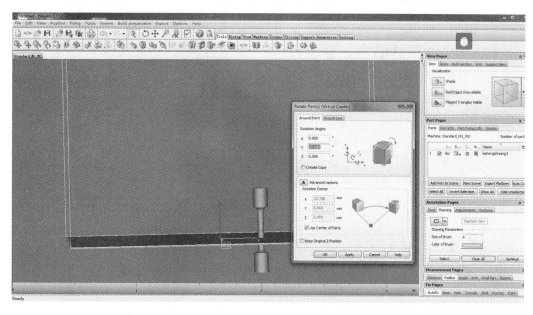

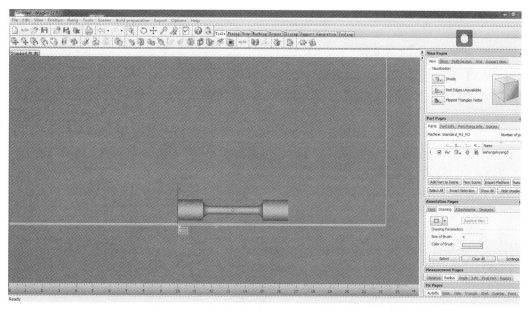

图 3 - 65　对数据进行修复并调整零件成形方向

（3）添加合适的支撑结构，如图 3 - 66 所示。

（4）选择合适的工艺参数并执行切片指令，如图 3 - 67 所示。

（5）切层之后软件会生成模型数据和支撑数据的轮廓数据（∗.cls）文件，将两个文件导入 M2 成形机，进入加工前的准备工作。

4）打开 M2 成形机，准备好开机工作。

5）导入"拉伸试件 cls"格式文件，摆放拉伸试件位置。

6）开始成形加工。单击"Control"后，选择下拉菜单中的"Start"，开始加工。

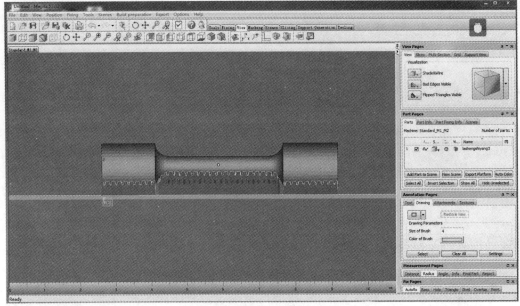

图 3-66　添加合适的支撑结构

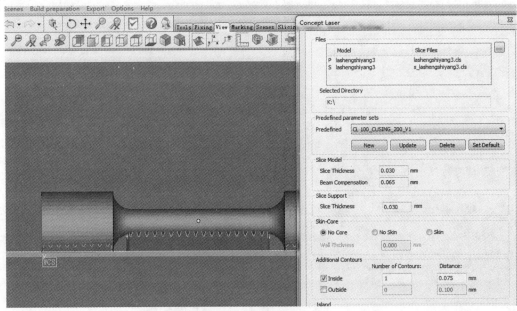

图 3-67　选择合适的工艺参数并执行切片指令

7）加工完成，取出"基板和试件"。加工完成后，首先将成形腔从加工站移进内处理站，用毛刷将粉末扫回粉末存储容器，最后取出"基板和试件"。

8）清洗 M2 机器和相关配件。

机器加工完毕后，用湿式吸尘器将成形腔内的残余粉末吸收，用玻璃水清洗毛刷、刮刀等相关配件，最后清洗湿式吸尘器。

9）后处理

后处理操作的首要步骤是将工作舱体移动至设备左侧的手套箱，接下来在手套箱内将未用完的粉末回收,其次是将成形件从基板上取下,用工具将成形件的支撑去除,最后进行打磨、抛光、喷砂、去应力等后处理操作,图 3 - 68 所示为拉伸试件最终成形件效果图。

图 3 - 68　拉伸试件最终成形件效果图

## 复习思考题

1. 简述 3D 打印技术的基本原理。

2. 3D 打印技术的基本特点是什么?3D 打印技术有哪些优势和不足?

3. 举例说明 3D 打印技术产品制作的基本流程。

# 第4章
## 快速模具制造技术

**教学基本要求：**

(1) 了解快速模具技术的应用及分类。

(2) 了解快速模具制造的工艺路线。

(3) 了解几种常见的直接制模方法。

(4) 掌握硅橡胶模具的快速制作技术。

## 4.1 概　　述

### 4.1.1　快速模具技术的应用

随着 3D 打印(快速成形)及快速模具技术的不断发展,快速模具技术的应用日益增多,目前,已经在航空航天、交通、教育、玩具、通信、计算机、家用电器、电子、医疗、建筑、工艺美术、工业、模具、军事等领域中得到了广泛的应用。

1) 在产品小批量制造中的应用

这是 RT 技术最为直接的应用。与传统的模具技术相比,快速模具技术具有制作周期短、成本低廉的优势,特别适合新产品的小批量制造(图 4-1),大大缩短产品投放市场的时间,降低新产品的开发成本和开发风险。利用硅橡胶模可铸造出少量与 RP 原型形状尺寸完全相同的塑料或金属零件,这些零件主要用于装配及性能测试,降低直接生产钢模的风险。

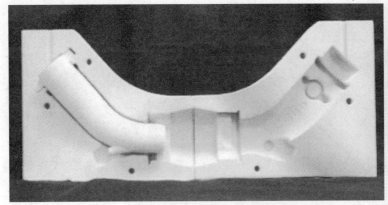

图 4-1　用 RT 技术加工出的带型芯的铸造模具及浇铸出的金属零件

2）在精密铸造中的应用

RT 技术出现以来,除了在小批量生产中具有广泛的需求外,一直在铸造领域有着比较活跃的应用,在典型铸造工艺中(如熔模铸造)为单件或小批量铸造产品的制造带来了显著的经济效益。

众所周知,模具的加工在铸造生产中占据着至关重要的地位,在产品的更新换代日益加快的今天,传统铸造模具加工的现状很难适应当前的形势。模板、芯盒、压蜡型、压铸模等的制造往往靠机械加工的方法,有时还需要钳工进行修整,费时耗资,而且精度不高。特别是对于一些形状复杂的薄壁铸件(如飞机发动机的叶片、船用螺旋桨,汽车、拖拉机的缸体、缸盖等),模具的制造更是一个老大难的问题。虽然一些大型企业的铸造厂也进口了一些数控车床、仿型铣等高级设备,但除了设备价格昂贵之外,模具加工的周期也很长,而且由于没有很好的软件系统支持,机床的编程也很困难。快速模具技术的出现,为解决这个问题提供了一条颇具前景的新路。采用 3D 打印技术制造熔模精密铸造用蜡模(如图 4-2),可以避免制作金属模具对铸件形状、研制进程的限制,能大大地缩短研制周期,同时能节约模具生产成本,生产复杂的高精、尖端铸件。快速成形和精密铸造是互补的,如果没有快速自动成形,铸造原模的生产就是精密铸造的瓶颈。然而没有精密铸造,快速自动成形的应用也会存在很大的局限性。

图 4-3 是用快速精密铸造方法制造的铝合金进气管零件。从收到零件的 3D CAD 数据到毛坯完成仅 10 天时间,其中零件熔模的 3D 打印 1 天,熔模铸造 7 天,后处理及检验 2 天。进气道是发动机极其重要的组成部分,由复杂的自由曲面构成,它对提高进气效率,改善燃烧过程有十分重要的影响。在发动机的设计过程中,需要对不同的进气道方案进行气道试验。传统的方法是加工出十几个或几十个截面的气道木模或石膏模,再翻制成砂模铸造出气道。对气道进行试验找出不足后,还要重新修改模型。如此反复,费时费力,而且精度难以保证。采用 3D 打印方法,可一次性地提供一组不同曲面的 CAD 数据,通过快速铸造,同时得到一组进气管零件。经过测试,得到一组不同气道结构的全面的数据,从而筛选出最佳的气道方案,这样大大加快了研制速度。

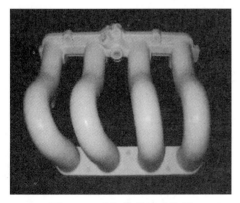

图 4-2　进气管的铸造熔模

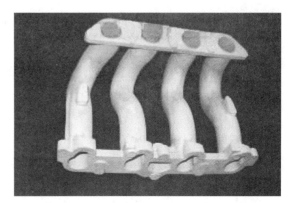

图 4-3　用快速精铸制作的铝合金进气管

## 4.1.2　快速模具技术的分类

### 1. 直接制模与间接制模

基于 3D 打印(快速原型,RP)技术的快速模具制造方法一般分为直接制模法和间接制模法两大类。

1）直接制模法

直接制模法是直接采用 RP 技术制作模具,不需要 RP 样件作母模,也不依赖于传统的模具制造工艺,是一种很有前景的 RT 方法。直接制模材料大多是专用的金属粉末或高、低熔点金属粉末的混合物,也可使用专用的树脂。直接制模法采用的 RP 技术主要是基于选择性激光烧结的直接金属粉末烧结制模。它是将金属粉末用易消失性聚合物包覆,通过选择性激光烧结得到金属实体,在一定温度下使树脂分解消失,然后使成形的金属粉在高温下烧结而得到金属的烧结件,这种烧结件往往是低密度的多孔状结构,为此可以渗入第二相熔点较低的金属后直接形成金属模具,用这种方法制造的钢铜合金注射模寿命可达 5 万次以上,但这种方法在烧结过程中材料发生较大收缩且不易控制,难以快速得到高精度的模具。除此之外,基于选择性激光烧结的直接烧结陶瓷模、基于 3DP 的 3D 打印—渗铜模、基于 LOM 的金属箔实体化制造模等,也可以直接形成金属模具。

2）间接制模法

间接制模法是指利用 RP 原型间接地翻制模具。即先利用快速原形技术加工出非金属材料的原型,然后借助其他技术将这些非金属原型翻制成金属零件或金属模具。例如:先利用 SLA、FDM 和 SLS 方法加工出树脂或蜡原型,再用熔模铸造的方法生产金属零件或金属模具;也可利用 LOM 技术加工的纸原型作为母模来制造石膏或陶瓷模型,通过这些模型再来生产金属零件;还可以利用 SLS 方法,选择合适的造型材料,加工出可供浇注用的与零件形状一致的铸造型腔,再通过铸造的方法制造金属零件或金属模具。

依据材质的不同,间接制模法一般分为软质模具(Soft Tooling)、硬质模具(Hard Tooling)和过渡模具(Bridge Tooling)三类。

软质模具是用 RP 样件或其他样件作为母模,浇注硅橡胶,硫化后形成。由于模具以硅橡胶为材料,故又称为硅橡胶模具,简称硅橡胶模(图 4-4)。软质模具广泛应用于结构复杂、式样变更频繁的各种家电、汽车、建筑、艺术、医学、航空、航天产品的制造。在新产品试制或者单件、小批量生产时,具有以下优点:

(1) 运行费用低,材料价格低廉,成形效率高,原型制造时间短。用硅橡胶制模,少则十几小时,多则几天便能完成。

(2) 硅橡胶可以在常温下固化,且具有良好的复制性和脱模性能,对凸凹部分浇注成形后均可以直接取出,有一点倒钩也没有问题。

(3) 因在真空中进行注型,可复制出多个精度高且极少有气泡的成形品。

(4) 树脂零件的机械性能可通过改变树脂中双组分的构成来调整。

(5) 虽然形状复杂、厚薄程度不同,硅橡胶模也不会产生缩水现象。即使对 0.5mm 厚度或极微细结构,钢模较难制造的塑胶制品均可进行真空注型。

(6) 模具中可以插入金属零件、螺丝、螺帽及塑胶零件,制件成品还可以进行电镀、喷漆处理。

与传统方法相比,利用硅橡胶模生产树脂零件不仅可以降低成本,更重要的是缩短了生产时间,使开发出来的新产品快速投入市场,具有先声夺人的竞争优势,同时也使企业可以根据市场反馈,确定新产品是正式投入批量生产或是需要改进,避免盲目投产带来的巨大损失。尤其适合于批量小、品种多、改型快的现代制造模式。

硬质模具包括用间接方式制造的金属模具和用快速原型直接制造的金属模具(图 4-5)。如前所述,用 3D 打印(快速原型)直接制造模具采用的 RP 技术主要是基于选择性激光烧结的直接金属粉末烧结制模、直接烧结陶瓷模、基于 3DP 的 3D 打印渗铜模、基于 LOM 的金属箔实体化制造模等。用 3D 打印直接制造模具是一种很有前景的快速模具方法,但是目前还不够成熟。

图 4-4　软质模具

图 4-5　硬质模具

过渡模具是介于试制用软模与正式生产模之间的一种模具,通常指可直接进行注塑生产的环氧塑脂模。其使用寿命目标为加工 100~1000 个零件,具有经济快速的特点。

当用户需要 20~100 件 ABS、PP 或尼龙材料制造的产品,即保证注塑所用材料与最终零件生产所用工程塑料一致时,软模就不适用了。而当产量只有几百至几千件时,如果采用硬质金属钢模具进行批量生产,成本太高。于是,过渡模具应运而生。

目前,制造过渡模具的主要方式主要有铝填充环氧树脂模和 SLA 成形的树脂壳——铝填充环氧树脂背衬模。

## 4.1.3　快速模具技术的工艺路线

基于 RP 原型技术的快速模具制造的工艺路线如图 4-6 所示。

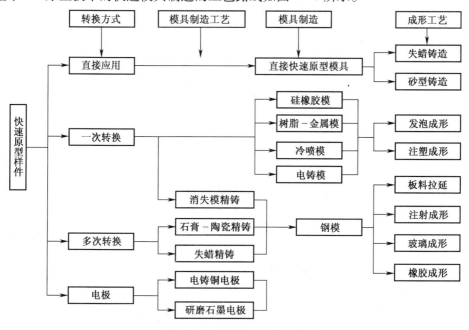

图 4-6　快速模具的工艺路线

113

## 4.2 直接快速模具技术

直接快速模具技术就是基于 3D 打印(快速原型)技术,利用直接制模法生产模具的技术。以下简要介绍几种直接快速模具制模技术,它们各自通过不同的 RP 技术直接制作出模具本体,然后采用不同的方法进行必要的后处理以及机械加工以满足模具的设计、使用要求。

### 4.2.1 基于选择性激光烧结(SLS)技术的直接制模法

选择性激光烧结法可以选择不同的材料粉末,直接烧结金属模具和陶瓷模具以及用作注塑、压铸、挤塑等塑料成形模及钣金成形模。目前较为成熟且商品化的 SLS 直接制模工艺主要有美国 DTM 公司的 RapidTool 法和德国 EOS 公司的 DirectTool 法。

1) RapidTool 法

RapidTool 法的工艺流程如图 4-7 所示。

图 4-7 RapidTool 法工艺流程

首先将金属模具的 3D CAD 模型用分层软件进行扫描切片处理,把获取的加工层面信息转化为电信号用以控制激光扫描系统。在工作平台上铺设一层包裹有热塑性聚合物粘结剂的金属粉末,利用 $CO_2$ 激光照射,使粉末粘结,逐层铺粉扫描烧结,直至形成模具的半成品。由于粉末间是由粘结剂连结,强度较低,轻微的碰撞和摩擦都可能造成模具的损坏,需将半成品置于含有 25%氢气和 75%氮气的电炉中进行烧结,以脱除粘结剂即做脱脂处理,炉温达到 450~600℃时将粘结剂全部烧失。继续升温至 700℃,金属粉末间融合,制得含有 60%体积金属以及 40%体积空隙的钢骨架半成品。

由于持续的高温烧结,金属模具本身的粘结剂已全部去除,留下了许多的小孔隙,会使金属模具的强度降低,影响模具的质量,所以要将金属模具钢骨架半成品进行渗铜处理,以便将这些小孔隙填实。渗铜处理如图 4-8 所示。继续将钢骨架半成品放入充以 $\varphi(N_2) = 70\%$ 和 $\varphi(He) = 30\%$ 加热炉内,并将铜块摆放于适当位置,升温至大约 1120℃ 时,铜块开始熔化为液态,在毛细现象的作用下,渗入粘结剂挥发遗留的孔隙,最终制得致密的金属模具。

完成后对模具进行后处理,通过 CNC 抛光,加工模具入料孔、冷却水孔、顶出孔等,然后直接安装在模架上,便可以在注射机上进行批量塑料制品的生产。寿命可达数万件以上。

利用 RapidTool 法可以方便快捷地制作出注塑金属模具,与传统工艺相比,大为简化了制造工序,缩短生产周期,降低了产品成本,大大提高了新产品的研发速度,增强了市场竞争力。图 4-9 所示为 RapidTool 法制作的模具及注塑产品。

2) DirectTool 法

DirectTool 法制模技术是利用德国 EOS 公司的选择性激光烧结(SLS)设备直接进行金属模具的制造技术,也称为直接金属粉末激光烧结制模(DMLS)。

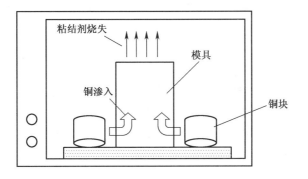

图 4-8　渗铜处理

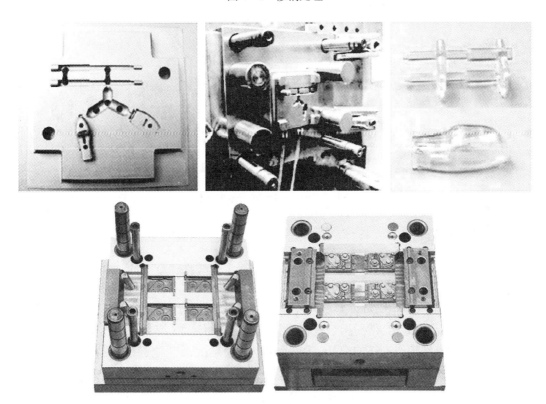

图 4-9　用 RapidTool 法制作的模具及注塑产品

图 4-10　DirectTool 法工艺流程

DirectTool 法与上述 RapidTool 工艺的不同点,在于 DirectTool 法选用的材料是由不同熔点、不含有机粘结剂的金属粉末构成,使用 200W 以上的大功率激光器,将低熔点金属粉末熔融而粘结成形,然后浸渗环氧树脂,以此工艺制成的模具虽然在热传导性能及机械性能上面,与 RapidTool 工艺制成的模具有些差距,但是由于没有经过高温烧结,因此模具的热应力和热变形都要好于 RapidTool 工艺。其工艺流程见图 4 - 10。

运用软件将模具的 3D 实体模型进行分层切片处理,计算机根据得到各层截面的轮廓信息有选择性地熔化低熔点粉末材料,粘结形成一系列具有一个微小厚度的片状实体,逐层堆积,形成模具原型件。然后在相应的温度条件下浸渗环氧树脂,用以填充因烧结形成的空隙,以提高模具的抗弯强度。模具寿命可达 15 000 件以上。图 4 - 11 所示为 DirectTool 法制成的模具和注塑件。

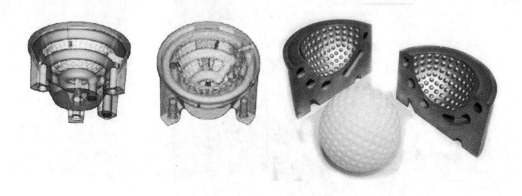

图 4 - 11　DirectTool 法制作的高尔夫球模具及产品

## 4.2.2　激光净形直接制模技术

激光净形制造(Laser Engineering Net Shaping, LENS)工艺是基于激光熔覆的直接制造技术,是 20 世纪 90 年代中后期发展起来的一种先进制造技术,它将快速原型(Rapid Prototyping, RP)技术与激光熔覆(Laser Cladding)技术相结合,采用高功率激光器在基底或前一层金属上生成一个移动的金属液态熔池,然后用喷枪将金属粉末喷入熔池中,使其熔化并发生冶金反应,并与前层紧密结合,直到生产最终的模具。图 4 - 12 所示为激光净形直接制模技术原理图。

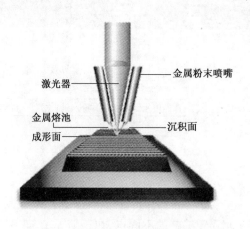

图 4 - 12　激光净形直接制模技术原理图

激光净形技术加工成本低,没有前后的加工处理工序,所选熔覆材料广泛,且可以使模具有更长的使用寿命,由于是一次近成形,因此其材料利用率高。更为重要的是,激光净形技术可以根据模腔和模芯的形状在模具内部设计复杂冷却液通道,显著改善模具的导热状况,延长模具使用寿命。

目前激光净形工艺可以成形的材料主要有 316 不锈钢、镍基耐热合金 Inconel625、H13 工具钢、钛和钨。激光近成形工艺一般用来制造高密度的铸造用模。另外运用 LENS 工艺也可以对一些金属物件进行修补,利用激光将金属粉末喷涂在金属物件损坏的部位,降低了制造成本。图 4 - 13 所示为使用 LENS 工艺制造的快速模具。图 4 - 14 所示为使用 LENS 工艺制造涡轮叶片。

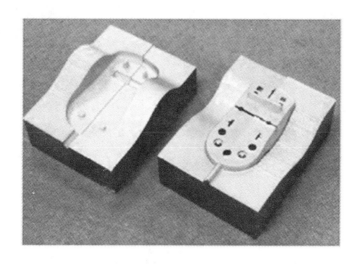

图 4 - 13　使用 LENS 工艺制造的快速模具

图 4 - 14　使用 LENS 工艺制造涡轮叶片

### 4.2.3　基于 3D Printing 的直接制模技术

由美国 Extrude Hone 集团的 Prometal 公司与麻省理工(MIT)合作,于 1997 年开发的 3DP 技术,以钢、镍合金和钛、钽合金粉末为原料,使用 RTS－300 机型,利用喷头有选择地向金属粉末喷射粘结剂,利用粘结剂使金属粉末成形,直接快速原型金属制件。1999 年,美国 3D Systems 公司采用多喷头热力喷射实体打印机,成形速度更快。这种工艺制得的模具半成品,需经二次烧结去除粘结剂,并进行渗铜处理,最终得到密度达 92 %以上的模件。图 4－15 所示为成形设备及成形模具。

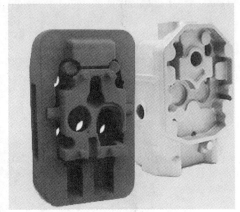

图 4－15　成形设备及成形模具

## 4.3　间接快速模具技术

直接快速模具技术其工艺尚不完备,有些还处于研究阶段,难以得到高精度的模具。而工艺日臻成熟的间接快速模具技术,已开发出多种工艺方法,本章重点介绍几种常用的间接制模方法。

### 4.3.1　硅橡胶模具的快速制作技术

硅橡胶模具作为一种主要的间接法软模技术,具有优良的复制性、良好的柔性和弹性,能够制作结构复杂、花纹精细、无拔模斜度甚至具有倒拔模斜度,以及具有深凹槽类的零件。相对于其他模具,硅橡胶模具制作过程简单,无需特殊的技术及设备,一般只需要有硅橡胶、固化剂、真空机等就可在室温下数小时内制作完成,方便快捷。与硬质模具不同,硅橡胶模具良好的柔性和弹性使其脱模特别方便,对于原型的分型面的要求不是十分严苛,甚至于原型上的凸凹部分也可直接取出。模具所使用的硅橡胶材料具有一定的耐高温性,耐受温度在 200℃ 左右,因此可以直接浇注低温合金或金属。

由于硅橡胶模具具有上述诸多优势,因此用硅橡胶制造的弹性模具已部分用于代替金属模具生产蜡型、石膏型、陶瓷型、塑料件甚至于低熔点合金,如铅、锌以及铝合金零件,并在轻工、塑料、食品和仿古青铜艺术品等行业得到广泛应用。以 RP 技术为技术支撑,利用硅橡胶制造快速模具,可以更好地发挥 RP 技术的优势,缩短新产品的开发周期,对产品的更新换代起到不可估量的作用。

## 4.3.2　硅橡胶模具制模材料的组成及性能

制作硅橡胶快速模具一般采用双组分室温硫化硅橡胶,其原料主要有基础聚合物、补强剂、填料、稀释剂、交联剂和催化剂等。

基础聚合物一般为端羟基聚二甲基硅氧烷。聚合物黏度不同,所制成的成品胶黏度也随之不同,基础聚合物黏度增加,成品胶的黏度提高,扯断和撕裂强度也随之提高,硬度则随之下降。因此应当选择合适黏度的基础聚合物,制备不同性能的成品胶,以满足制模的需要。

补强剂一般选用白炭黑,主要有气相法和沉淀法两种。气相法白炭黑的颗粒精细,补强效果好,但价格高。沉淀法白炭黑颗粒较粗,常含有少量水洗不掉的电解质,补强效果较差,但价格便宜。因此,选用合适的沉淀法白炭黑,调整配方中的稀释剂的含量,以沉淀法白炭黑代替气相法白炭黑,可以降低模具成本。

填料一般选用硅微粉、氧化铝、硅藻土、高岭土等。添加适当的填料,可以降低模具成本,对成品胶有一定的补强作用,有助于成品胶储存的稳定性,以及综合性能的提高。

稀释剂选用甲基硅油。稀释剂的使用,可以调整成品胶的黏度及硫化胶体的硬度,调整胶体的流动性。

交联剂一般选用硅酸乙酯,利用其与聚合物的末端羟基进行反应,在基础聚合物分子之间架桥,使聚合物成为网状结构,从而完成硫化。

催化剂(触媒剂),一般选用二丁基二月桂酸锡。

## 4.3.3　硅橡胶模具制造工艺路线

基于 RP 技术原型制作硅橡胶模具,目前的制模工艺有多种,一般常用的有真空浇注法、合模(哈夫模)法、涂刷法等。一般工艺流程见图 4－16。

(1)原型样件的来源及表面处理。基于 RP 技术的快速成形样件是由开发人员利用 Pro/E、3ds MAX、Inventor、UG 等实体设计软件进行 3D 设计,然后转化为 STL 格式文件格式输出到快速成形机,直接制造出样件原型。或者还可以利用实物原型,运用反求测量手段,对实物原型进行 3D 扫描,在经 CAD 造型软件处理并进行再设计后,

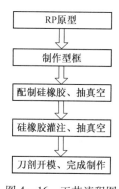

图 4－16　工艺流程图

转换为 CAD 数据,输入快速成形机,制出样件原型。需要注意的是,由快速原形机制造的样件原型,在其叠层断面之间一般存在台阶纹或缝隙,需进行打磨和防渗处理,以提高原型的表面光滑程度和抗湿性与抗热性等。只有原型表面足够光滑,才能保证制作的硅橡胶模型腔的表面粗糙度,进而确保翻制的产品具有较高的表面质量,有利于从硅橡胶模中取出。

(2)制作型框。制作型框的材料可选用塑料板、胶合板等,应依据原型的几何尺寸和硅橡胶模的使用要求,合理设计型框的形状和尺寸。型框的尺寸可参照图 4－17 所示。尺寸过小,会影响硅橡胶的灌注;尺寸过大,会降低硅橡胶的柔性,阻碍从硅橡胶模具中取出产品。所以,在搭建硅橡胶模具型框的时候,通常使型框四壁、底面距 RP 模型边缘 20mm,侧面挡板高度为 RP 模型的高度再加上 90mm,留出 50mm 的高度,以保证脱泡时硅橡胶不会溢出。

对于一些特殊结构的原型,尤其是一些艺术品的复制,型框的形状在不影响使用性能的情况下,可根据原型的形状灵活地搭建型框,减少材料的消耗,降低成本。如图 4-18 所示。

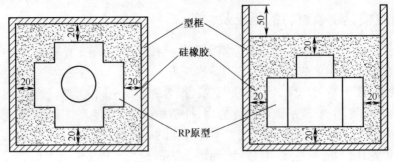

图 4-17 型框尺寸示意图

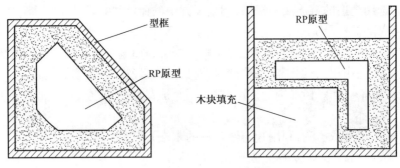

图 4-18 依据形状制作型框

(3)确定分型面及浇注口位置。分型面的选择确定应以模具制造的方便性、可行性为原则,以利于产品制件易脱模和具有较高精度为目标,根据原型的几何形状、模具浇口以及产品质量等诸多因素综合考虑。由于硅橡胶材料具有较高的弹性,在开模时可以进行粗略的操作,对于一些如侧面的小凸起等,在选取分型面时可以不予考虑。另外,对原型中的封闭通孔或不封闭的开口,为便于两个半模在剖切过程中容易分离,应采用透明胶等封贴。

对于壁厚尺寸要求较高的薄壁件,在选择分型面时要注意将薄壁整体置于同一半模中,从而减小因合模或模具捆绑时引起壁薄处的变形而导致尺寸误差。较高薄壁件分型面的选定如图 4-19 所示。图 4-19(a)中分型面位置选取比较合理,使较高薄壁处的型腔位于上模。如果分型面的位置选为图 4-19(b)所示的位置,使得薄壁处的型腔由上、下模形成,这种情况下进行合模,如果上、下模位置放偏,则较高薄壁处的壁厚尺寸精度将难以保证。

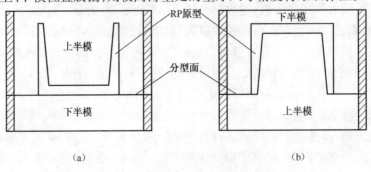

(a)                    (b)

图 4-19 薄壁原型件分型面的选取

120

浇注口指的是制成后的硅橡胶模具中,用于浇注塑料、注蜡时液体材料进入模具型腔的通道。通常采用直接浇口形式,放置于制件壁厚较厚的部位,使浇注材料从厚端面流入薄端面,保证料流充满型腔。浇道的方位应注意避免使大面积平面形状置于型腔的最高位置,否则,该较大面积平面最后充型时,会因存在少量气泡无法排出而导致该平面处存在较多气孔。图 4 - 20 给出了浇道方位摆放示意图。图 4 - 20(a)所示为正确的浇道摆放方式,该方式下,材料充填过程逐渐将剩余的气体从薄壁的上缘通过排气孔排出。若将浇道设置为图 4 - 20(b)所示的方位,在填充的最后阶段,剩余的气体被围困在产品较大面积的上表面处,该水平面上的气泡无法流动而最终残留在型腔中,在产品表面形成气孔,影响产品的表面质量。当分型面和浇道选定并处理完毕后,便将原型固定于型框中,等待浇注。

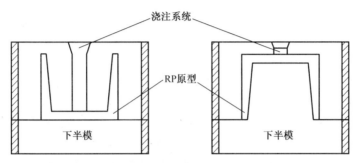

图 4 - 20　大平面浇注系统设置

（4）配置硅橡胶及真空脱泡。如前所述,制模硅橡胶通常是双组分,配置时应根据所制作的型框尺寸和硅橡胶的比重准确计量。将计量好的硅橡胶加入 2%～3% 比例的固化剂,搅拌均匀后进行放入真空机进行真空脱泡,并保持真空 10min。

（5）硅橡胶浇注及固化。配置好的硅橡胶混合体,经真空脱泡后浇注到已固定好原型的型框中。硅橡胶浇注后,为确保型腔充填完好,再次进行真空脱泡,脱泡的目的是抽出浇注过程中掺入硅橡胶中的气体和封闭于原型空腔中的气体,此次脱泡的时间应比浇注前的脱泡时间适当加长,具体时间应根据所选用的硅橡胶材料的可操作时间和原型大小而定,通常情况下可在 0.4～0.6MPa 的压力下,保持 15～30min。脱泡后,硅橡胶模在室温 25℃左右放置 4～8h 可自行固化。加温硬化可缩短硬化时间。

（6）刀剖开模并取出原型。当硅橡胶模固化后,即可将型框拆除并去掉浇道模,参照原型分型面的标记进行刀剖开模将原型取出。在刀剖开模的时候,切刀的行走路线是刀尖走直线,刀尾走曲线,使硅橡胶模具的分型面形状不规则,这样可以确保上、下模合模时准确定位,避免因合模错位引起的误差,如图 4 - 21 所示。对硅橡胶模具的型腔进行必要清理,便可利用所制作的硅橡胶模具在真空状态下进行注蜡及树脂或塑料产品的制造。

## 4.3.4　常用的硅橡胶模具制作方法

从模具精度、产品质量以及模具成本的角度出发,硅橡胶模具的制作方法主要有抽真空浇注法、非真空状态涂刷法。

**1. 抽真空浇注法**

抽真空浇注法是在配置完硅橡胶以及浇注完毕后,对硅橡胶材料和浇注完的模具,各放入真空机进行抽真空操作,以去除搅拌材料和浇注时产生的气泡,提高模具成形的品质,由于原型

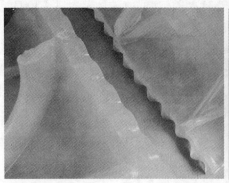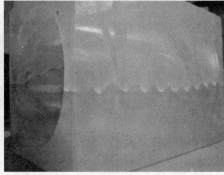

图 4-21　刀剖开模

件的结构、外形复杂程度和分型面的不同,一般采用以下两种制模方法。

1)刀剖分型面法

刀剖法主要针对分型面较为规则的原型,制模时尽量采用透明材质的硅橡胶,以便刀切分型面时,能看清分型面的位置。其制作步骤如图 4-22 所示。

(1)处理并清洁 RP 样件。首先利用 Pro/E 建模,输出 STL 格式文件。利用 FDM 熔融沉积技术,打印出原型,如图 4-23 所示。由于使用 FDM 快速原型技术制出的样件其表面有明显的叠层纹理,需要经过后处理例如打磨、抛光、喷漆等步骤以降低原型表面的粗糙度,并彻底清洁,这样才能作为制作硅橡胶模具的母模。

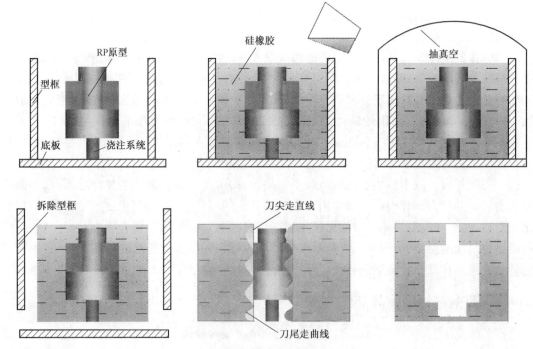

图 4-22　刀剖分型面法制作工艺图

(2)标记分型线。用记号笔或彩色胶带在原型上标记好分型面的位置,采用透明材质的硅橡胶,刀剖开模时,可依分型线准确剖模。

(3)制作型框,固定原型样件及浇注系统。将清洁好的原型样件及浇注系统固定在底板

图 4-23　刀剖分型面法的 RP 原型

上,必要时,可在原型样件上加一些通气孔。模具、浇注系统及底板涂刷分型剂,分型剂可以采用凡士林和甲基硅油,涂刷分型剂应薄而均匀,避免留下涂刷痕迹,影响模具表面质量。然后利用薄板围框,围框内壁涂刷分型剂,注意围框与原型的距离,围框与底板的连接处要密封,以避免硅橡胶液流出。

（4）计量硅橡胶和固化剂,混合搅拌均匀后放入真空注型机中,保持真空 10min,将抽过真空的胶体灌注围框之中,然后放入压力罐内,在 0.4~0.6MPa 的压力下,保持 15~30min,排除灌注时混入的气体。

（5）硅橡胶固化后,在室温 25℃ 左右的环境下静置 4~8h,待硅橡胶不粘手后,再放入 100℃ 烘箱内,保温约 8h 后,可使硅橡胶充分固化。

（6）拆除围框,沿分型线用刀片将硅橡胶模剖开,取出原型件及浇注系统,对硅橡胶模具进行修整,模具制作完成。

2）合模（哈夫模）法

对于较复杂的 RP 原型,可采用合模法制模工艺。其制作步骤如图 4-24 所示。

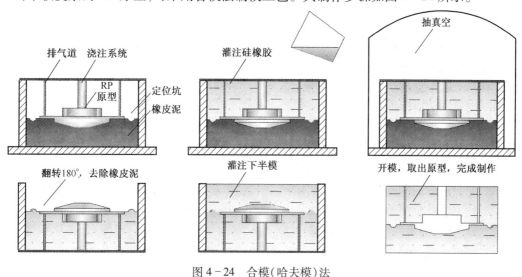

图 4-24　合模（哈夫模）法

123

（1）使用 Pro/E 建模，输出 STL 格式文件，打印出原型，如图 4-25 所示。清洁 RP 原型，分析选择并用记号笔画出分型面。

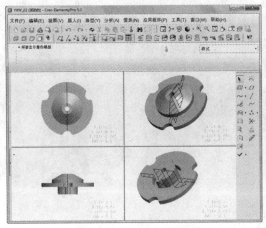

图 4-25　合模法的 RP 原型

（2）构建合模分型面。用有机玻璃作为模型的底托板，将原型用橡皮泥固定在底托板上，原型件与底托板的距离应保持 4~5mm。用橡皮泥依据分型线，将合模的分型面做出，使橡皮泥与原型件的接触面即为合模时的分型面。

（3）用薄板将型框做出，固定于底托板上，用橡皮泥封填围框与分型面的空隙，将分型面的表面处理平滑，并挖出若干定位坑或定位槽，以便合模定位。原型及型框内壁涂刷分型剂，等待灌注。

（4）计量硅橡胶和固化剂的用量，混合搅拌均匀后放入真空注型机中，保持真空 10min。

（5）将抽过真空的胶体灌注围框之中，然后放入压力罐内，在 0.4~0.6MPa 的压力下，保持 15~30min，排除灌注时混入的气体。

（6）硅橡胶固化后，在室温 25℃ 左右的环境下静置 4~8h，待硅橡胶不粘手后，再放入 100℃ 烘箱内，保温约 8h 后，可使硅橡胶充分固化。

（7）将固化后的模具整体翻转 180°，去除橡皮泥，重新清洁原型，涂刷分型剂，灌注另一半模。

（8）完全固化后，拆除围框，打开硅橡胶模，取出原型，得到最终硅橡胶模具。

**2. 非真空状态下涂刷法**

非真空状态下涂刷法如图 4-26 所示。

（1）彻底清洁原型样件，分析分型面。

（2）将原型件固定在底板上，依据选定的分型线，用橡皮泥搭建出分型面。整个分型面依原型件的形状而形成，宽度为 20~30mm，在适当的位置，挖出若干定位坑。

（3）在原型样件以及分型面上涂刷分型剂。

（4）配制适量的硅橡胶液，由于使用涂刷法，操作需要一定的时间，固化剂的加入量可适当减少。用软刷将硅橡胶均匀地涂刷于原型表面，一般由原型最顶端开始，硅橡胶液可缓慢流淌于原型表面，如有气泡产生，可使用针刺去除。然后在硅橡胶外面贴一层纱布，其目的是提高硅橡胶的抗撕裂强度，增加模具的使用寿命。纱布一般贴一层，大型模具可贴两层，如此反复操作使原型表面的硅橡胶层达到 3~5mm 厚度。

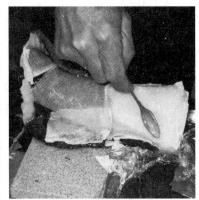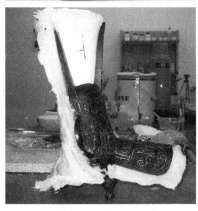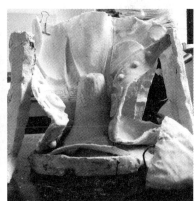

图 4 - 26　涂刷法

（5）制作石膏加强外衬。固化后的硅橡胶模，用配制好的模具石膏浆，在其上制作加强外衬。石膏加强外衬的厚度为 20～30mm，尽量做到壁厚均匀。然后在石膏外衬上做出用于捆扎模具的定位沟槽，沟槽宽度深度以捆扎带的粗细而定。

（6）待石膏硬化后，翻转 180°，去除橡皮泥，清理原型及分型面表面，刷分型剂，重复步骤（3）～（5），等待石膏硬化。

（7）打开石膏外衬和硅橡胶层，取出原型。打开石膏时，应小心操作，不可硬撬使外衬造成损坏，原型取出后，对模具及外衬进行修整，待石膏外衬彻底干燥硬化后，可在内、外表面刷一层清漆，或者对其进行浸蜡处理，提高外衬的强度。

### 4.3.5　硅橡胶模具制作应注意的问题

（1）对原型样件应进行必要的修补、打磨和抛光处理，以保证硅橡胶模的质量。基于 RP 法制作的原型，在其叠层断面之间一般都存在有台阶纹或缝隙，必须进行打磨和防渗与强化处理。可以采用热熔性塑乳胶与细粉料或者石膏与清漆调成的腻子进行修补，然后用砂纸打磨抛光。也可以在原型件表面涂覆一层增强剂（如强力胶或者清漆），然后打磨抛光。只有保证原型的表面光滑度，才能保证硅橡胶模型腔的表面粗糙度，从而确保翻制的产品具有较高的表面质量。

（2）从制作完成的硅橡胶模中取出原型时，应尽量小心操作。当遇到原型件上存在有倒拔模、较窄的凹槽和凸起等结构的情况时，脱模时尽可能不要超出硅橡胶的抗撕裂强度范围，小心操作,避免损坏硅橡胶模具。

(3)选择合理的浇注方式。这一点对于非真空状态下的硅橡胶模制作尤为重要。如果浇注的方式与浇注位置不当,会使型腔内的气体卷入型腔,使模具在固化后留下气孔。所以,在浇注的时候最好分批逐次地浇入,先在原型表面薄薄地浇注或涂刷一层,仔细观察,如有气泡,用针刺挑破,待表层硅橡胶呈半固化状态时,再浇注余下的硅橡胶,这样就保证了模具的型腔表面质量。

(4)制模时的气泡问题。在常温常压环境下制作硅橡胶模具极易产生气泡,气泡会导致模具的缺陷,当使用模具浇注产品时,可能会产生缩孔,有时也可能会有凸出点出现,影响制件的质量,使硅橡胶模由于应力集中而降低强度,造成破损。产生气泡的原因主要有:

① 硅橡胶的黏度较高,搅拌时容易混进不同程度的气泡。解决的办法是在真空条件下搅拌,或者适当减少固化剂的用量,延长固化时间,以便有较长的时间让气泡自由逸出;另一个办法是降低硅橡胶混合料和浇注后的温度。

② 浇注方法和浇注位置不当,解决的办法是浇注过程中分批逐渐浇注,另外还可以在浇注完毕后放入抽真空装置中进行负压排气。

③ 硅橡胶的交链是脱醇反应,如果反应过快,特别是在加温情况下,醇逸出后会留下许多孔点。在 40~60℃ 不同温度下,固化都有不同情况的小气孔,温度越高,孔点越多。在温度小于25℃ 情况时,一般不会发生这种现象。因此,硅橡胶的初步固化最好能在 25℃ 左右进行,待基本固化后,再进行高温后固化。

### 4.3.6 硅橡胶模具的应用

目前,硅橡胶快速模具在熔模精密铸造、汽车、家电、医疗、工艺品制造等诸多领域得到了广泛的应用。它为缩短新产品的开发时间,降低成本,提高效率起到了极为重要的作用。以下列举几例硅橡胶快速模具在部分行业的应用。

(1)用硅橡胶模具替代熔模铸造压型。熔模铸造又被称为熔模精密铸造,它是用易熔材料制作熔模(蜡模),在其外涂挂耐火涂料,硬化后将熔模熔失形成形壳,浇注金属液得到铸件的一种近净形铸造成形方法。熔模铸造能生产接近零件最终形状的精密复杂铸件,铸件可不加工或经很少加工就可使用。一般情况下,熔模铸造用来制作蜡模的压型模具都是用金属材料经机械加工获得,具有较高的精度,但工艺过程复杂、材料消耗大、费工费时。因此在新产品的开发阶段,用硅橡胶快速模具替代金属压型,从而缩短试制的周期,待产品定型生产时,再采用金属压型,以降低开发的成本。图 4-27 所示为硅橡胶压型以及蜡模。

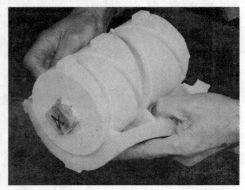

图 4-27 硅橡胶压型以及蜡模

（2）用于汽车塑料制件的首版设计制作。在汽车制造企业,新车型的开发是一项极其关键的工作,样车首版的制作可以使用户从直观上了解设计者的设计理念、设计意图,从而使车型最终上市营销。制作首版件所涉及的众多塑料件(如保险杠、车灯、仪表板等),都可以使用硅橡胶快速模具来制作,用于评价、装配及性能测试,大大缩短了开发周期,提高开发的成功率。图4－28 所示为汽车保险杠及内饰塑料件。

图 4－28　汽车保险杠及内饰塑料件

（3）用于医疗、整容中的假体制作。在医疗及整容手术中,如颌面、义耳的修复、整形中,可以使用硅橡胶快速模具制作假体并植入,例如当患者的左耳缺失,可以对其右耳进行 3D 扫描,然后将数据进行处理后,以 RP 技术制作缺失耳的母模,翻制硅橡胶模,最后使用聚合材料制作出所需的人造耳。如图 4－29 所示为利用硅橡胶模具制作的人造耳。

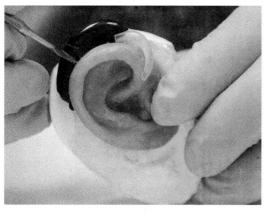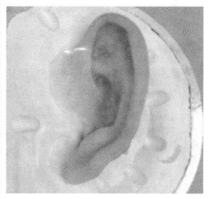

图 4－29　硅橡胶模及人造耳

（4）用于艺术品及礼品的复制制作。利用硅橡胶优良的复制性能,可以制作出表面形状复杂、细腻精美的艺术品,例如市面上大多数的树脂工艺品。对于仿古青铜器的复制,可以采用硅橡胶模具浇注蜡模,然后采用熔模铸造工艺进行制作,经修整、着色最终获得逼真精美的青铜复制品。如图 4－30 所示为用硅橡胶模具浇注的艺术品。

## 4.3.7　金属树脂快速模具技术

金属树脂快速模具实际上是以环氧树脂添加金属粉填充料(如铝粉、铁粉、铜粉)作为基体材料,以 RP 原型件作为样件浇注而成的一种快速模具,其强度和耐温性比硅橡胶模具更好,一套金属树脂模具的使用寿命比硅橡胶模具长、浇注的零件要多。金属树脂模具具有以下特点:

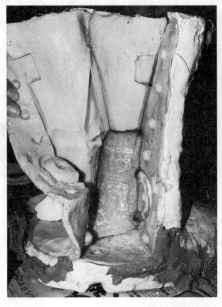

图 4-30　硅橡胶模具及浇注的艺术品

（1）热导率高。由于采用金属粉末作为填充材料,故模具的热导率较高。

（2）强度高。环氧树脂中的环氧基团与金属表面的游离键起反应,形成化学键,基体之间形成很强的结合力,形成很强的浇注体。

（3）制作工艺简单,制作模具的周期仅为同类钢模的 10%～50%。

（4）模具型面可不加工,故成本低,仅为同类钢模的 20%～50%。

金属树脂模具的原材料主要有环氧树脂、固化剂、金属粉末填充材料、增韧剂、促进剂、胶衣树脂、脱模剂等材料,制模过程中还有过渡模材料、封闭剂等。

金属树脂过渡模在 RP 原型样件制作好、原型表面经过处理后,即可进行模具的制作,制模工艺流程见图 4-31。

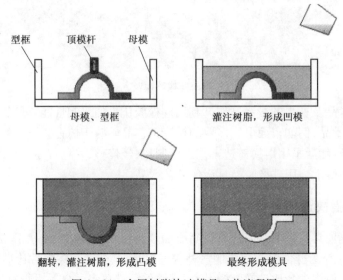

图 4-31　金属树脂快速模具工艺流程图

（1）RP 原型准备及原型表面处理。利用快速成形技术设计制作原型,其表面必须采用刮腻子、打磨等方法进行处理,然后涂刷 2 到 3 遍清漆,使其表面光滑。

（2）制作金属型框。型框的作用,一是防止浇注树脂混合料时外溢,二是在树脂固化后模框与树脂粘结一体,形成模具。金属型框对树脂固化体起强化和支撑的作用。型框的长和宽应比原型尺寸适当放大一些,浇注时型框表面要用四氯化碳清洗,去除油污、铁锈和杂物,以使环氧树脂固化体能与型框结合牢固。

（3）刷脱模剂,涂刷模具胶衣树脂。选用适当的脱模剂,在原型的外表面（包括分型面）、平板上均要均匀地喷涂脱模剂。然后将原型和模框放置在平板上,将模具胶衣树脂按一定的配方比例,分别与促进剂、催化剂、固化剂混合搅拌均匀,即可用硬细毛刷等工具将胶衣树脂刷于原型表面,厚度一般为 0.2~0.5mm。

（4）浇注凹模。当表面胶衣树脂开始固化但还有黏性时（一般为 30min）,将配制好的金属环氧树脂混合料沿模框内壁缓慢浇入,不可直接浇到型面上。浇注时可将平板支起一角,然后从最低处浇入,有利于模框内气泡逸出。

（5）浇注凸模。待凹模制成后,翻转 180°,去掉平板,上脱模剂,然后涂刷胶衣树脂,待树脂开始固化时,将配制好的混合料沿模框内壁缓慢浇入。

（6）开模,取出原型,修模。在常温下浇注的模具,一般 1 天或 2 天可基本固化定型。开模时,可用简单的起模工具,如硬木、铜或高密度塑料制成的楔形件,轻轻地楔入凹模与原型之间,也可同时吹入高压气流或注射高压水,使原型与凹模逐步分离。脱取原型时,应尽量避免用力过猛和重力敲击,以防止损伤原型和凹模。

正常情况下,如操作得当,脱模十分容易,完全可以避免型面修补工作。取出原型后,将模具切除毛边、修整,人工对型面稍加抛光,有的还要做些钻孔等机械加工,以满足组装需要。

模具制作完成即可注射热塑性塑料,得到最终产品。与传统注射模具相比,采用金属树脂模具可以省略传统工艺中的模具图设计、数控加工和热处理等三道耗时的过程,成本大大降低,生产周期也大为缩短,模具寿命可达 100~1000 件,对于形状简单的制件,模具寿命可达 5000 件,可以满足中小批量的生产。

## 4.3.8　电弧喷涂快速模具技术

电弧喷涂快速模具制作属于热喷涂制模技术。其基本过程是将熔化的合金经雾化后高速喷射沉积于基体材料上,得到与基体形状相对应的薄壳制件。电弧喷涂快速制模方法工艺简单、成本低,基体材料可以是金属、木材、皮革、塑料、石膏、石蜡等,特别适用于小批量、多品种的生产,尤其目前国内汽车工业的迅猛发展,极大地增加了对于塑料制件的需求,而且随着车型更新换代的加快,这就需要一种快速便捷的模具技术,而电弧喷涂快速模具技术正是这样一种满足其低成本、短周期的制模方法,得到生产厂家的重视并得到应用。

电弧喷涂是将两根待喷金属丝作为自耗性电极,利用两根金属丝端部短路产生的电弧使丝材熔化,用压缩气体把已熔化的金属雾化成微滴,并使其加速,以很高的速度沉积到基体表面形成涂层。以这种金属涂层作为模具的型腔表面,背衬加固并设置相应的钢结构后就形成了简易的快速经济模具。其工艺流程见图 4-32。

金属喷涂快速制模的工序大致可分为以下五个步骤。

（1）模型准备。模型的材料包括塑料、石膏、橡胶、木材等。首先建模,然后对其进行分层

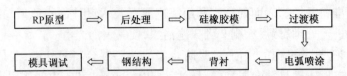

图 4-32　电弧喷涂快速制模工艺流程

切片,并使用 RP 技术制作出样模。清理模型表面并涂抹脱模剂。

(2) 将金属喷涂于模型上。待脱模剂干燥后,选择合理的喷涂参数,在模具上喷涂金属,喷涂时应保证喷枪连续运动,防止涂层过热变形,涂层厚度一般可控制在 2~3mm。

(3) 制作模具框架。如果模具在工作中要受到内压力或模具必须安装在成形机上工作,模具必须有骨架结构并应带有填料。

(4) 浇注模具的填充材料。应使填充材料具有较高的热导率和较低的凝固收缩率以及较高的抗压强度和耐磨性能。一般选择的填充材料为环氧树脂与铝粉、铝颗粒等金属粉末的混合物。

(5) 脱模及模具型腔表面抛光处理。脱模后,应把残留在金属涂层表面的脱模剂清洗干净,然后再对模具进行抛光以达到相应的使用要求。

金属喷涂快速模具被广泛用于塑料加工中的反应注塑成形、吹塑成形、结构发泡以及其他一些注塑成形等工艺中,如汽车塑料制件驾驶盘、汽车仪表盘、坐垫、头部靠垫、阻流板、汽车内饰顶篷等,在轻工业中则可以用来制造聚氨酯鞋底等,金属喷涂快速模具较硅橡胶快速模具的寿命要长,可以应用在注塑机上进行小批量的制品生产。

# 4.4　用于铸造的快速模具技术

铸造作为一项传统的工艺,制造成本低、工艺灵活性大,可以获得复杂形状和大型的铸件,将快速原形技术与铸造成形技术相融合,充分发挥两者的特点和优势,可以在新产品试制中取得可观的经济效益。图 4-33 所示为快速原型技术在铸造成形中的应用。

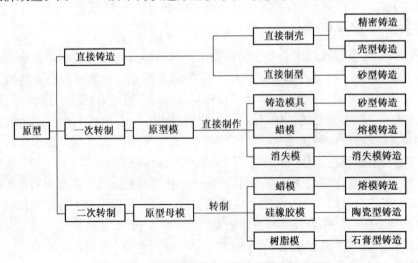

图 4-33　快速原型技术在铸造成形中的应用

在铸造生产中,模板、芯盒、熔模铸造压型、压铸模的制造往往是用机加工的方法来完成的,有时还需要技术工人进行大量的后期修整,费工费时。而且,从模具设计到加工制造是一个多环节的复杂过程,稍有失误就可能会导致全部返工。特别是对一些形状复杂的铸件,如叶片、叶轮、发动机缸体和缸盖等,模具的制造更是一个难度非常大的过程,即使使用数控加工中心等昂贵的设备,在加工技术与工艺可行性方面仍存在很大困难。

快速成形技术的出现,提供了一条有效解决这些问题的出路,而基于快速原型的快速模具技术能够快捷地提供精密铸造所需的蜡模或可消失熔模以及用于砂型铸造的木模及制芯模具,解决了传统铸造中蜡模和木模等制备周期长、投入大和难以制作曲面等复杂构件的难题。而精密铸造技术(包括石膏型铸造)和砂型铸造技术,在我国是非常成熟的技术,这两种技术的有机结合,实现了生产的低成本和高效益,达到快速制造的目的。

## 4.4.1　砂型铸造用模的快速制造

传统砂型铸造通常采用木模型与金属模型两种。其中木模用于单件、小批量铸造生产,金属模型用于大批量铸造生产。

砂型铸造木模是采用经干燥、防腐处理的木材经切削加工而成,要求有一定的强度、刚度和耐久性。而采用 RP 技术按造型要求直接制作出的原型,经一定的处理后就可直接当作"木模型"使用。例如 LOM 快速成形技术,利用 LOM 技术制作快速原型件,其基本原理是用背面涂有热熔性粘结剂,并经特殊处理的基纸经激光切割、逐层叠加而成的,由于采用了熔化温度较高的粘结剂和特殊的改性添加剂,强度类似硬木,可承受 200℃ 左右的高温,具有较好的力学强度和稳定性,经过诸如喷涂清漆、高分子材料等表面处理后,就可替代木模用于砂型铸造生产,可用来重复制作 50~100 件砂型。图 4-34 所示为砂型铸造快速模具的应用示意图。

图 4-34　快速模具技术在砂型铸造中的应用

对于大批量的铸件,需要采用金属模具。砂型铸造用金属模型一般用铸铝合金经切削加工制成。使用 RP 技术制作快速模具完全可以替代金属模型,其方法是:用快速成形机制作原型件,在原型件表面使用电弧喷涂或等离子喷涂法喷涂金属(厚度为 1.6~6.4mm),形成金属壳体,取出原型件,在形成的模壳背面注入金属基复合材料或环氧树脂做背衬,经表面抛光形成金属铸模。这种方法的优点是力学性能较好,而且,由于喷涂所得铸模的轮廓表面紧贴母体的工作面,其精度仅仅取决于母体的精度,不会因喷涂金属层的厚度不均匀影响喷涂的精度。因此,操作比较简单,精度较易保证。

近些年来,无模精密砂型快速铸造技术在设备开发以及工艺方面,取得了长足的进步,已经能满足制备精密砂型并铸造出精密铸件的需求,且应用日趋广泛。

无模精密砂型快速铸造技术是将快速原型技术与精密砂型铸造技术相结合,将 CAD 模型反求并进行切片处理,然后在快速成形机上直接打印浇注的砂型。与传统砂型铸造相比,减少了模具的设计与制造环节,缩短开发时间 50%~80%。对于复杂铸件的设计和铸造有显著的优势。其主要的方法有:基于覆膜砂 SLS 原理的无模精密砂型快速铸造技术、基于 3D 打印原理无模精密砂型快速铸造技术、基于数控加工原理的无模精密砂型快速铸造技术。其中基于覆膜砂 SLS 的快速铸造法,由于具有无需机械辅助设备、高灵活性、高稳定性、工艺成熟的优点,被应用于航空、航天、汽车等工业领域。目前,SLS 直接砂型制造的方法主要有直接烧结法和间接烧结法两种,普遍采用的是间接烧结法,使用覆膜砂直接制造砂型以及形成复杂内腔的型芯(图 4-35),可直接浇注有色金属、铸铁、铸钢件,主要适用于中小复杂铸件的生产。

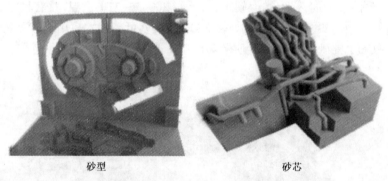

砂型 砂芯

图 4-35 SLS 覆膜砂砂型及型芯

## 4.4.2 快速熔模铸造

熔模铸造是用易熔材料制成精确的铸模,在铸模上用涂挂法制成由耐火材料及高强度黏结剂组成的多层型壳,型壳硬化后加热熔失铸模,然后以高温焙烧型壳,浇铸合金,获得铸件。由于易熔铸模广泛采用石蜡——硬脂酸模料,所以又称为失蜡铸造。工艺过程如图 4-36 所示。

其中,压型用于压注蜡模,它根据铸件的形状及尺寸进行设计,通常用金属(钢)材料经切削加工制成。熔模的材料有蜡基模料、松香基模料和塑料模料等,其中用得最普遍的是石蜡——硬脂酸模料,熔点为 60~120℃,将模料加热熔化成液态或半液态后,就可用手动、气压或液压式压注设备,压制蜡模,待模料冷却、凝固后,取出蜡模,将其与蜡质浇注系统与熔模焊接在一起,即完成熔模组的制作。型壳的制作,是在熔模组上涂挂涂料、撒砂,经过干燥、硬化和脱蜡等一系列过程而形成的。

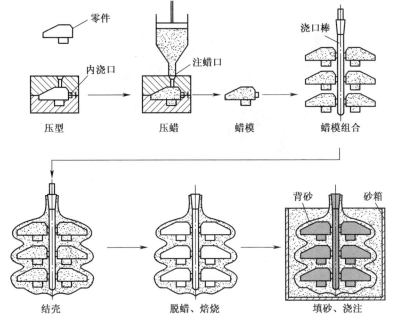

图 4－36　熔模铸造工艺流程

　　将 RP 技术用于压型的制作并据此压制熔模,可以有效地降低压型的成本,缩短产品开发的周期。对于新品开发,样品制作需要单件熔模时,可用 SLS、FDM 技术直接打印出蜡模。需要小批量的熔模时,可采用前述的硅橡胶快速模具,也可以使用 RP 原型,经表面喷涂"液态金属"等高分子复合材料,处理后构成试制或小批量生产用压型。这种压型能重复压注 100 件以上的蜡模。图 4－37 所示为使用硅橡胶模具制作的蜡模。

图 4－37　硅橡胶模具及制作的蜡模

　　为了进一步提高压型的导热性和使用寿命,可用 RP 原型作母体,浇注金属基合成材料(如铝基合成材料),构成整体类金属压型(图 4－38)。由于是在室温下浇注,避免了高温熔化金属浇注导致的翘曲变形,因此,压型尺寸精度易于保证。同时,无须采用耐高温材料,直接用原型零件做母体就能进行浇注,得到类金属压型。用金属基合成材料浇注的压型可重复压注 1000～10000 个蜡模(取决于蜡模形状的复杂程度)。

## 4.4.3　消失模铸造发泡模具的快速制造

　　消失模铸造,是一种近无余量、精确成形的新工艺。消失模铸造用的泡沫塑料模由聚苯乙烯塑料珠粒发泡而成,将其置入砂箱内填砂压实后,浇注液态金属,在液态金属的热作用下,泡

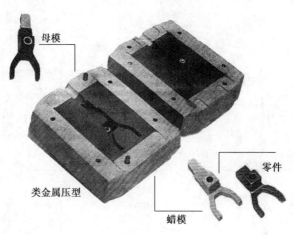

图 4-38　整体类金属压型

沫塑料模气化、燃烧而消失,金属液取代了原来泡沫塑料模所占据的空间位置,冷却凝固后即可获得所需的铸件。在消失模铸造工艺中,发泡模具是整个工艺过程中至关重要的一环,是获得高品质泡沫模样进而获得优质消失模铸件的基础。消失模模具目前主要有两种制造工艺:一是传统的木模翻制工艺,通过木模翻制铝合金模具毛坯,然后机械加工而成,其尺寸精度完全依赖工人的技术水平,对于一些复杂型面、内腔以及随型面的制作都比较困难,往往会导致模具精度差,制作周期长的问题出现;二是采用数控加工技术制造铝合金模具,其模具尺寸精度高,但制作成本高且周期较长,故而适用于批量大、要求高的铸件,如汽车发动机缸体、缸盖、进排气管等。如图 4-39 所示为四缸柴油机缸体的发泡模具、发泡模及铸件。

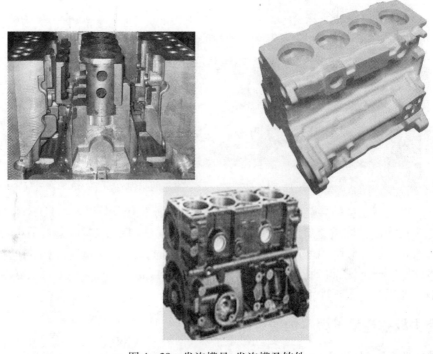

图 4-39　发泡模具、发泡模及铸件

使用 RP 技术制作发泡模具,可以改变这一现状,这种工艺的制造周期短、模具成本适中、尺寸精度较高,其工艺流程如图 4-40 所示。首先通过模具的 3D 设计,输出 STL 格式文件,然后传输到快速原型机上,几小时即可获得原型,最后以原型样件作为母模,采用熔模铸造、陶瓷型及石膏型铸造工艺,翻制出精确的模具坯体,经后期数控加工获得品质优良的发泡模具进而铸造出优质的铸件。图 4-41 所示为发泡模与铸件。

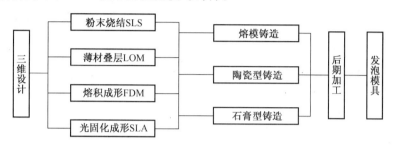

图 4-40　消失模铸造快速模具工艺流程

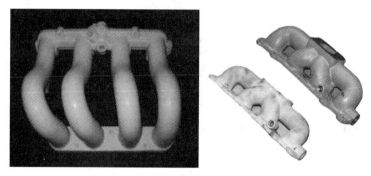

图 4-41　发泡模与铸件

用于 LOM 的金属板材 MetLAM 已开发出来,采用金属箔作为 LOM 造型材料可以直接加工出消失模铸造用的 EPS 气化模,可批量生产金属铸件。

## 复习思考题

1. 什么是快速模具技术,主要的制模技术有哪些?
2. 硅橡胶模具有哪些优点,主要应用在哪些方面?
3. 简述硅橡胶模的制作步骤。
4. 简述快速模具技术在铸造方面的应用。

# 第 5 章
# 3D打印技术应用案例

**教学基本要求：**

（1）了解选择 3D 打印技术的初步产品分析方法。

（2）掌握使用 S250 双喷头 3D 打印机、桌面 UP！3D 打印机和 M2 金属快速原型机加工产品的制作流程。

## 5.1 案 例 一

### 5.1.1 产品分析

产品名称：无碳小车徽标。

产品简介：该徽标是 2015 年南京理工大学参加"第三届江苏省大学生工程训练综合能力竞赛"其中一组学生的参赛作品的标志。图 5－1 为该徽标的设计方案。组委会对于徽标设计及制作的基本要求为：在长×宽×厚＝（40±1）×（30±1）×（4±0.1）（单位 mm）空间内设计一徽标，徽标图案须包含校名、组名、队名、无碳小车等四个元素，并操作 3D 打印机完成徽标制作；设计和制作时间为 45min；根据徽标打印制作时间、徽标用料量、徽标尺寸精度和徽标表面整体效果进行评分。

图 5－1　徽标的设计方案

产品外观:徽标的整体形状为四叶草的一个花瓣,在 40mm×30mm 矩形的两对边倒 10mm 圆角得到,徽标内有四叶草的四个瓣,其中三个瓣高出 3mm,一瓣镂空,每瓣内有英文字母。其设计含义如下:四叶草寓意"无碳",四个花瓣代表第四组,镂空的花瓣上镶嵌"S",表示小车行走路径为"S"形,它与其他三个花瓣的高度不同,以期突出强调;其他三个花瓣上分别有通透的文字"N"、"U"、"T",与"S"连接成"NUST",表示校名。该徽标线条简洁、流畅、内涵丰富、贴切,文字通透、美观,整体设计既准确传达了竞赛的主题,表达大学生对绿色生活的追求,又与小车简洁的结构一致,体现了团队的整体风格。

产品性能要求:由于评分依据为徽标打印制作时间、徽标用料量、徽标尺寸精度和徽标表面整体效果,故在保证打印质量的前提下,重量轻、打印时间短为该产品的主要性能要求。

产品制作方案分析:第一,徽标的制作,产品重量是优先要考虑的因素;第二,徽标外形一般具有自由曲面,传统的成形方法无法完成;第三,徽标作为一个装饰,对加工精度、表面粗糙度要求不高,表面有些自然的纹理更显质感;第四,单件生产。通过对这四个方面的分析,采用 3D 打印方法直接成形该产品最为合理。组委会指定的加工方法为 3D 打印,指定的设备为北京太尔时代的桌面 UP! 3D 打印机,使用的材料为 ABS,基本满足了产品的性能要求。在此前提下,产品制作时,徽标实体部分的体积、形状,打印时参数的选择对模型重量、模型成形质量和打印时间将起到至关重要的影响。

## 5.1.2　制作流程

依次按照 3D 打印的生产流程(数据处理、模型制作和后处理三个部分)完成产品制作。

### 1. 数据处理

1)构造 3D CAD 模型

使用 UG(或 Creo、CAXA 等)软件设计并绘制徽标 3D 模型,如图 5-2 所示。

2)模型的近似处理,生成 STL 格式文件

选择"文件",保存副本,选择后缀名 STL 保

图 5-2　徽标的 3D 模型

存,模型变为由三角形的面片表示的 STL 格式文件,如图 5-3 所示。(注意:模型存为 STL 格式文件之后,将无法再在原来绘制图形的软件中打开)

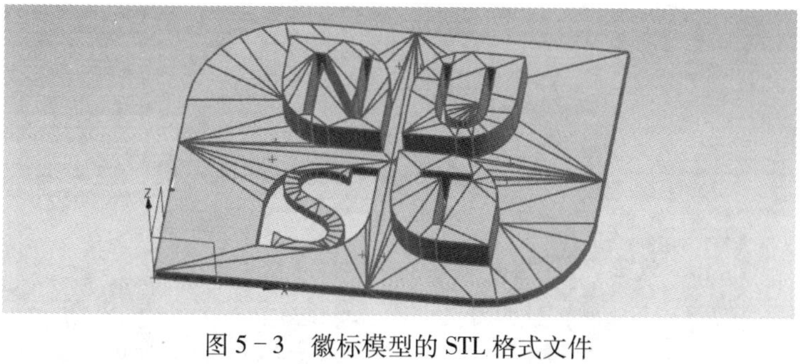

图 5-3　徽标模型的 STL 格式文件

### 2. 模型制作

1)成形准备

(1)开机前准备:

① 检查料盘,保证料丝充足。

② 检查成形底板,保证底板完整、干净,不应有任何物品。

③ 检查电源线路,保证电源线路正常。

(2) 开机操作:

① 接通电源,打开电源总开关;初始化设备。

② 启动计算机,运行 UP! 软件,载入模型的 STL 格式文件,如图 5-4 所示。

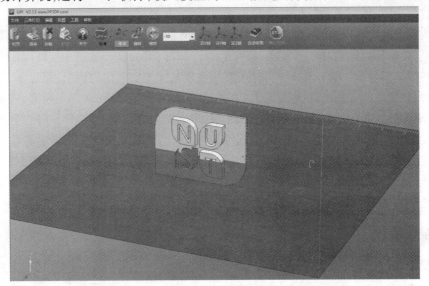

图 5-4　在 UP! 中打开徽标模型的 STL 格式文件

③ 对模型进行旋转、平移等操作,将模型放在合适的成形方向和成形位置,如图 5-5 所示。

图 5-5　放好的徽标模型的 STL 格式文件

④ 在"3D 打印"→"设置"或"3D 打印"→"打印预览"→"选项"或"3D 打印"→"打印"→"选项"中选择层片厚度、填充形式等,对模型进行打印设置,如图 5-6 所示。

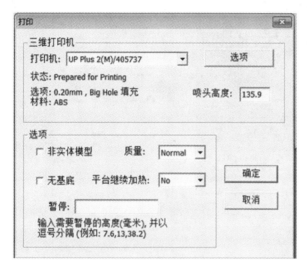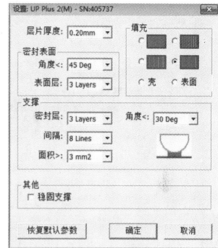

图 5-6　徽标模型的打印设置

2) 造型

选择"3D 打印"→"打印",系统显示造型需要的材料重量、加工时间、完成时间等信息(图 5-7),按"确定"开始模型的造型。图 5-8 所示为模型在打印中,图 5-9 所示为打印好的在工作台上带有支撑的模型。

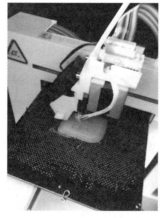

图 5-7　模型的打印　　　　图 5-8　模型在打印中　　　　图 5-9　打印好的模型

**3. 后处理**

包括设备降温、零件保温、取型等过程。成形之后的徽标表面需要保持具有一定成形纹理的原状,无需做打磨处理(图 5-10)。如果表面出现成形缺陷,在不影响美观的情况下进行修补。

图 5 - 10　后处理过的模型

## 5.2　案　例　二

### 5.2.1　产品分析

产品名称:三足鬲式炉(图 5 - 11)。

图 5 - 11　三足鬲式炉的设计方案

产品简介:该鬲式炉为自行设计、3D 绘图并通过 3D 打印制作、做旧的工艺品。

产品外观:该鬲式炉的外观仿商周铜鬲造型,圆口、平折沿、短颈、圆肩、鼓腹。此器造型古拙典雅,线条曲直有致。

产品性能要求:作为工艺品,外形美观为其主要要求。

产品制作方案分析:第一,该鬲式炉外形具有自由曲面,传统的成形方法无法完成;第二,作为一件工艺品,对加工精度、表面粗糙度要求不高,表面有些自然的纹理更显质感;第三,单件生产。通过对这三个方面的分析,可以采用 3D 打印方法直接成形该产品。由于该鬲式炉形体较大,选用成形空间较大的 S250 双喷头 3D 打印机/快速成形系统来打印。

### 5.2.2　制作流程

依次按照 3D 打印的生产流程(数据处理、模型制作和后处理三个部分)完成产品制作。

**1. 数据处理**

1) 构造 3D CAD 模型

使用 Creo(UG、CAXA 等)软件设计并绘制徽标 3D 模型。

步骤一:圆形炉身特征通过草绘建立旋转特征获得,如图 5-12 所示。

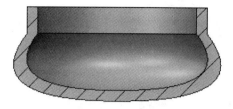

图 5-12　圆形炉身特征

步骤二:执行创建基准平面命令增加辅助平面以定位并创建旋转特征获得鬲式炉一个脚;执行阵列特征命令获得鬲式炉的三个脚,如图 5-13 所示。

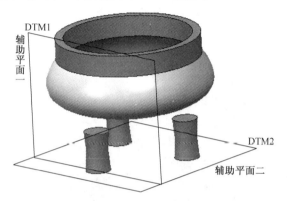

图 5-13　鬲式炉的脚特征

步骤三:

(1)利用上步建立的辅助平面二草绘曲线,在鬲式炉底部获得该草绘的投影曲线,如图 5-14 所示。

图 5-14　草绘的投影曲线

(2)选中鬲式炉脚的边曲线,执行复制/粘帖命令获得炉脚的边曲线,如图 5-15 所示。

图 5-15　炉脚的边曲线

（3）建立基准点。分别在炉身投影曲线和炉脚边曲线上建立如图 5-16 所示的基准点。

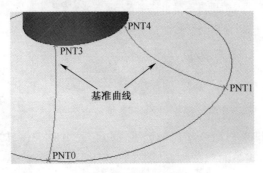

图 5-16 基准点的建立

（4）建立基准曲线。使用通过点的方式建立基准曲线,获得如图 5-17 所示的基准曲线。

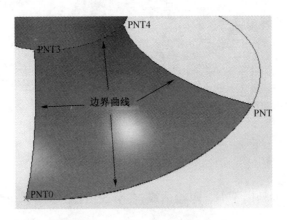

图 5-17 基准曲线的建立

（5）利用炉底部的投影曲线、炉脚的边曲线和刚刚建立的两条基准曲线,执行边界混合命令建立如图 5-18 所示的曲面。

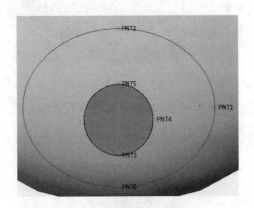

图 5-18 过渡曲面的建立

（6）重复(4)、(5)以获得如图 5-19 所示的边界混合曲面。

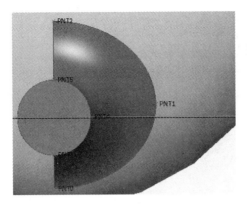

图 5 - 19　边界混合曲面

（7）执行合并曲面命令、执行镜像特征命令获得如图 5 - 20 所示曲面。

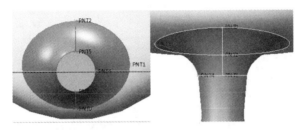

图 5 - 20　炉身与单个炉脚间的过渡曲面

（8）执行阵列特征命令、执行实体化特征命令后的最终效果,如图 5 - 21 所示。

图 5 - 21　炉身与炉脚间的过渡曲面特征的最终效果图

步骤四:执行扫描混合命令获得炉的耳部特征。执行拉伸命令去除多余的耳部材料,如图 5 - 22 所示。

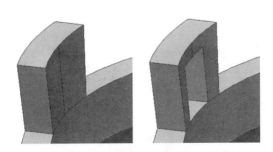

图 5 - 22　耳部特征的创建

步骤五:执行拉伸、旋转、倒圆角等命令对鬲式炉做修饰性特征的创建,如图 5 - 23 所示。

图 5－23　修饰性特征的创建

图 5－24 所示为画好的三足鬲式炉的 3D 模型。

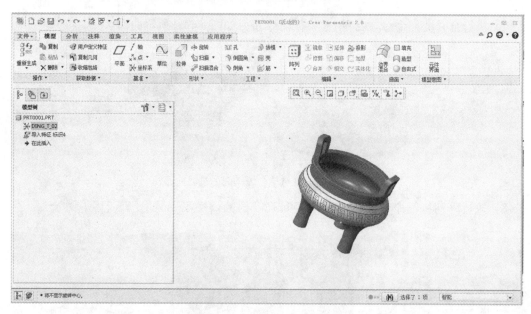

图 5－24　三足鬲式炉的 3D 模型

2）模型的近似处理，生成 STL 格式文件

选择"文件"，保存副本，选择后缀名 STL 保存，模型变为由三角形的面片表示的 STL 格式文件。

**2. 模型制作**

1）成形准备

（1）开机前准备：

① 检查料盘，保证料丝充足。

② 检查成形室，保证底板完整、干净，不应有任何物品。

③ 检查电源线路，保证电源线路正常。

（2）开机操作：

① 接通电源，打开电源总开关。

② 启动计算机，运行 Aurora 软件，载入模型的 STL 格式文件。

③ 通过"自动布局" 和"模型变形"对模型进行旋转、平移等操作，将模型放在合适的成形方向和成形位置，如图 5－25 所示。

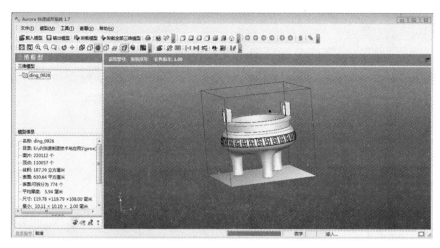

图 5－25　放好的三足鬲式炉模型的 STL 格式文件

④ 校验并修复(图 5－26)。

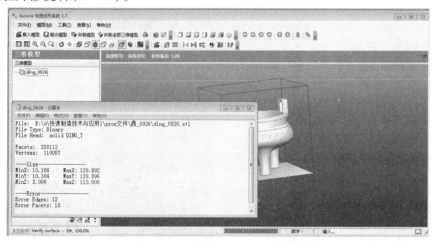

图 5－26　三足鬲式炉模型的校验并修复

⑤ 分层(图 5－27、图 5－28)。

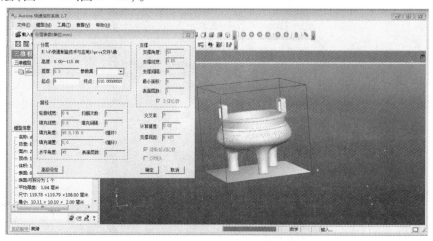

图 5－27　三足鬲式炉分层参数设置

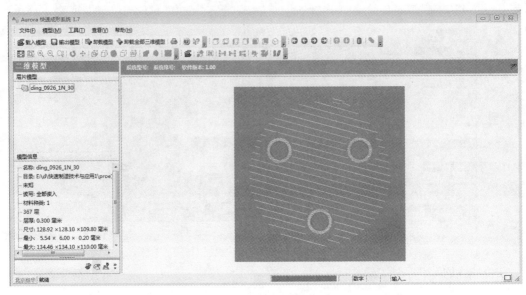

图 5 – 28  三足鬲式炉模型的二维层片

⑥ 预估打印。

⑦ 设备初始化。

2）造型

如图 5 – 29、图 5 – 30 所示。

图 5 – 29  三足鬲式炉模型在打印中

图 5 – 30  打印好的模型

**3. 后处理**

如图 5 - 31、图 5 - 32、图 5 - 33 所示。

图 5 - 31　去除支撑

图 5 - 32　后处理过的模型

图 5 - 33　做旧处理的模型

# 5.3　案　例　三

## 5.3.1　产品分析

产品名称:复杂壳体零件。

产品简介:该零件是一个复杂的薄壁零件,壁厚 1mm,壁四周有许多 0.3mm 的内流道,对尺寸精度和表面质量等要求较高,采用传统加工方式对夹具和工艺提出较高要求,为了节约制造成本和缩短产品从设计到加工的时间,本案例采用激光选区熔化(SLM)技术进行加工,材料使用 Ti6Al4V 金属粉末。

产品外观:该零件包含薄壁和内流道特征,能够达到减重和提高散热效果的要求,满足产品在高温环境下的使用,保证安全性和可靠性。

产品性能要求:由于以壳体零件的精度和散热效果为主要衡量标准,故表面质量和内流道的尺寸精度为该产品的主要性能要求。

产品制作方案分析:第一,产品形状尺寸和表面精度是优先要考虑的因素,常用的重量轻并且强度较高的材料有钛粉;第二,该零件具有很多复杂曲面和薄壁部位,形状是比较复杂的,传统加工方法成本较高,成形效率很低;第三,由于该零件含有多道 0.3mm 的内流道,传统加工工艺非常复杂,而且不能保证能够完整成形;第四,单件小批量生产,采用传统加工的话加工成本太大。通过对这四个方面的分析,采用 SLM 快速原型方法直接成形该产品最为合理。考虑到案例的材料是钛合金,使用 Concept Laser M2 成形机加工。

### 5.3.2 制作流程

依次按照快速原型的生产流程:数据处理、模型制作和后处理三个部分完成产品制作。

**1. 数据处理**

1)构造 3D CAD 模型

使用 Creo 软件,按照尺寸和相对形状来绘制 3D 模型(图 5-34)。

图 5-34 壳体零件的 3D 模型

2)模型的近似处理,生成 STL 格式文件

选择"文件",保存副本"STL",如图 5-35 所示。

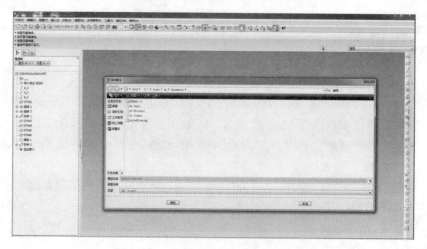

图 5-35 将模型保存为 STL 格式文件

3）Magics 软件数据处理

（1）打开 Magics 软件，导入 STL 格式文件，如图 5 - 36 所示。

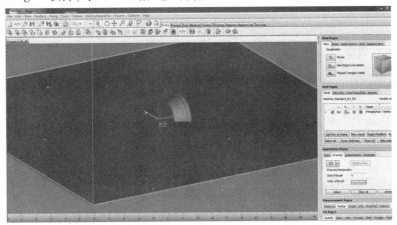

图 5 - 36　在 Magics 软件中打开模型的 STL 格式文件

（2）对模型进行旋转和平移等操作后，选择合适的成形方向放置模型，如图 5 - 37、图 5 - 38 所示。

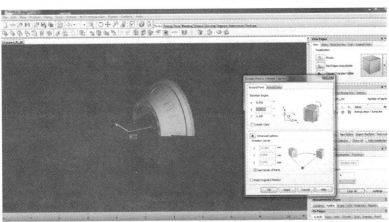

图 5 - 37　改变模型的成形方向

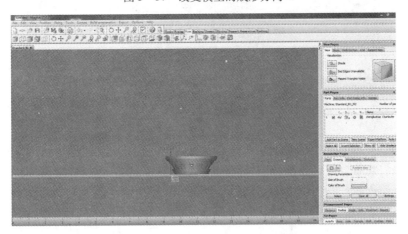

图 5 - 38　放好的模型的 STL 格式文件

（3）添加支撑结构，如图 5 - 39 所示。

图 5 - 39　添加了支撑的模型的 STL 格式文件

（4）选择适合的工艺参数，执行切层命令，并另存为"CLS"格式，如图 5 - 40 所示。

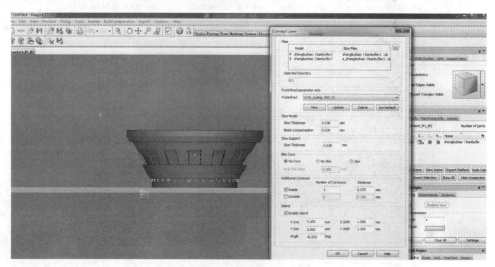

图 5 - 40　模型的切层

### 2. 模型制作

1）成形准备

（1）清理设备。

（2）充入氩气。

（3）设置参数。

2）程序运行和成形过程

模型制作是在 Concept Laser M2 设备上，在做完安装基板及刮刀和充入氮气产生气氛保护等准备工作后，首先是筛粉，然后把筛好的粉放入送粉缸，最后按照设好的参数及程序运行，重复铺粉、扫描过程，直至零件打印成功。

图 5-41 至图 5-46 所示为主要的成形过程的图片。

图 5-41 零件加工过程-铺粉

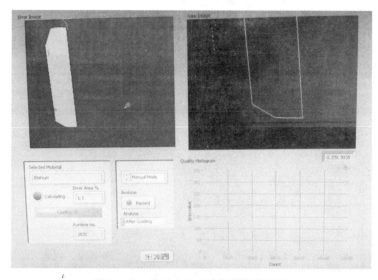

图 5-42 通过 QM 系统检测铺粉效果

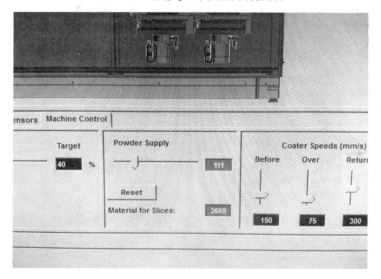

图 5-43 通过 QM 系统设置送粉量

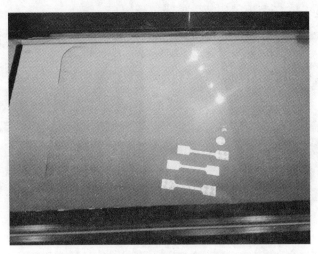

图 5－44　激光打印过程

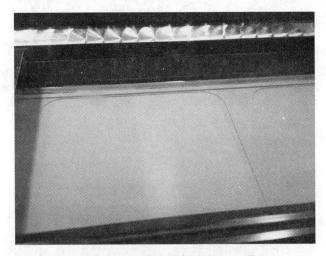

图 5－45　成形缸下降,送粉缸上升

图 5－46　进行下一次铺粉

**3. 后处理**

后处理首先是把成形件从基板上用工具取下,然后进行打磨和其他后处理过程。如图 5 - 47 为复杂壳体零件最终成形件效果图。

图 5 - 47　最终成形件效果图

## 5.4　案　例　四

### 5.4.1　产品分析

产品名称:纳卫星支架。

产品简介:该产品是面向航空领域制作的一次成形件。该产品尺寸结构较小,形状及内部结构复杂,利用传统加工技术难以制造。要保证其形状尺寸精度以及结构性能和表面质量,采用选区激光熔融(SLM)技术来制造该产品,为了达到减重的目的,使用轻型合金材料——铝合金粉末。

产品外观:该产品总体外形为一长条形,宽 4mm 左右,高 10mm,小孔直径为 5mm,含有台阶、圆角、通孔、薄壁等结构,如壁厚为 1.2~2mm、通孔直径最小只有 2.5mm。

产品性能要求:该产品是面向航空领域的精密结构件,对产品的重量和性能要求比较高。

产品制作方案分析:第一,产品的形状尺寸为首先要考虑的问题,为满足性能和轻量化要求,我们采用材料为铝粉;第二,产品整体尺寸较小,结构较为复杂,传统工艺方法加工容易变形,通孔的加工对工艺要求很高,传统加工方法难以保证位置和形状精度;第三,纳卫星支架作为一个精密的金属结构件,对表面粗糙度及加工精度要求较高;第四,单件生产,成本及资源消耗也是考虑的范围。综合以上几点,采用 SLM 快速成形加工方式最为合理。

### 5.4.2　制作流程

依次按照 SLM 快速成形系统生产流程:数据处理、模型制作和后处理。

**1. 数据处理**

1）构造 3D CAD 模型

使用 SolidWorks 软件，按照尺寸和相对形状来绘制 3D 模型（图 5-48）。

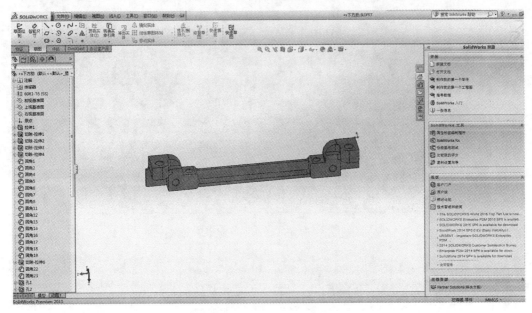

图 5-48　壳体零件的 3D 模型

2）模型的近似处理，生成 STL 格式文件

选择"文件"，保存副本"STL"（图 5-49）。

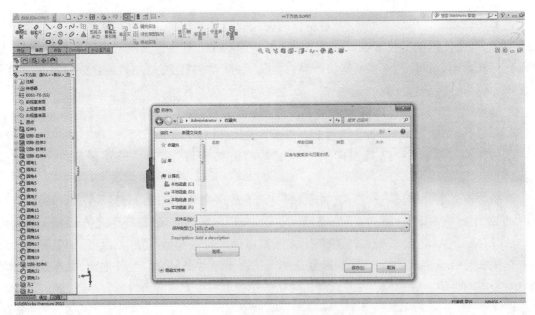

图 5-49　将模型保存为 STL 格式文件

3）Magics 软件数据处理

（1）打开 Magics 软件，导入 STL 格式文件（图 5-50）。

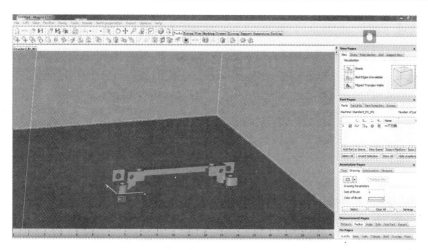

图 5 - 50　在 Magics 软件中打开模型的 STL 格式文件

（2）对模型进行旋转、平移等操作后，选择合适的成形方向（图 5 - 51、图 5 - 52）。

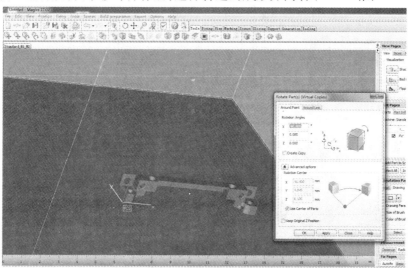

图 5 - 51　改变模型的成形方向

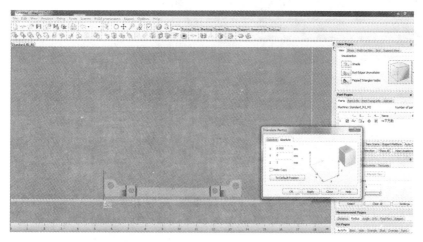

图 5 - 52　放好的模型的 STL 格式文件

（3）添加支撑结构（图 5 - 53）。

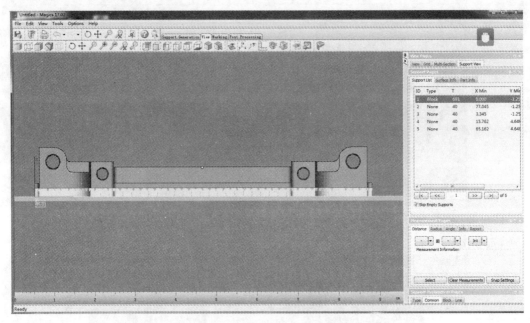

图 5 - 53　添加了支撑的模型的 STL 格式文件

（4）选择适合的工艺参数，对模型切层，并将切层数据存储为"CLS"格式（图 5 - 54）。

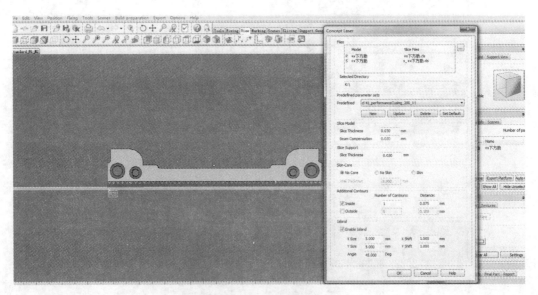

图 5 - 54　模型的切层

## 2. 模型制作

1）成形准备

（1）清理设备。

（2）充入氮气。

（3）设置参数。

2）程序运行和成形过程

模型制作是在 Concept Laser M2 设备上,在做完安装基板及刮刀和充入氮气产生气氛保护等准备工作后,第一步先是筛粉,然后把筛好的粉放入送粉缸,最后按照设好的参数及程序运行,重复铺粉和扫描过程,直至零件打印成功。

**3. 后处理**

后处理操作的首要步骤是将工作舱体移动至设备左侧的手套箱,接下来在手套箱内将未用完的粉末回收,然后是将成形件从基板上取下,用工具将成形件的支撑去除,最后进行打磨、抛光、喷砂、去应力等后处理操作,如图 5-55 所示为纳卫星支架最终成形件效果图。

图 5-55　纳卫星支架最终成形件效果图

## 5.5　案　例　五

### 5.5.1　产品分析

产品名称:鼠标上盖。

产品简介:本产品为工业设计专业学生的设计作品。应其要求,采用快速模具中的真空浇注法复制原型,进而进行观感评价、设计验证与校核。

产品外观:复杂、自由曲面。

产品性能要求:外形美观,手感舒适。

产品制作方案分析:本产品是一个用于产品开发初步设计阶段的模型,具有典型的复杂、自由曲面,在使用 3D 打印制作原型之后,采用真空浇注法复制原型可以得到材质更加接近的原型。

### 5.5.2　制作流程

分为 3D 打印模型、制作硅橡胶模、浇注产品三大阶段。

**1. 3D 打印模型**

按照 3D 打印的生产流程:数据处理、模型制作和后处理三个部分完成模型打印。(如案例一、案例二,具体过程略去)

**2. 硅橡胶模制作**

1)确定母模分型面、准备型框

使用胶带纸在母模上确定分型面,其中带有孔洞特征的部分,要用胶带贴住以便分模。如图 5-56 所示。

图 5 - 56　确定分型面

用硬纸板制作型框,母模放置于型框中央,用硅橡胶块支撑,四周各留 30mm 的空隙,如图 5 - 57 所示。

2) 配制硅橡胶、真空脱泡

将硅橡胶和固化剂按照 10:1 的比例进行配制,搅拌均匀后放入真空注型机抽真空脱泡,如图 5 - 58、图 5 - 59 所示。

图 5 - 57　准备型框

图 5 - 58　配制硅橡胶

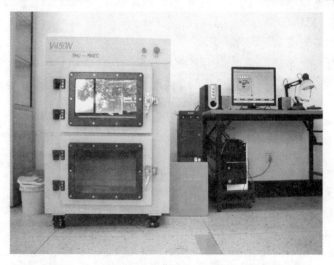

图 5 - 59　本案例中使用的 V450N 真空注型机

3) 注入硅橡胶、真空脱泡

将脱泡后的胶体倒入型框,胶体高出型框 15~25mm,放入真空注型机抽真空脱泡,如图 5 - 60

所示。

图 5-60　注入硅橡胶

4）固化

注胶完毕后，连模框一同放入烘箱，在 45~50℃ 的环境中 6~8h 可完全固化，无烘箱的情况下，可置于室温 25℃ 的环境下 24h 亦可完全固化。

5）刀剖开模，开出浇注孔及排气孔

用手术刀、扩口钳沿分型面剖分硅橡胶模，取出母模，清除胶带，用专用工具开出浇注孔，并在上半模具的最高点处开出排气孔，完成硅橡胶模的制作，如图 5-61 所示。

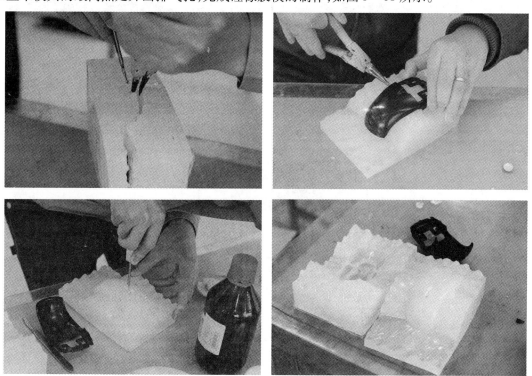

图 5-61　刀剖开模，开出浇注孔及排气孔

**3. 浇注产品**

1）预热、合模密封

模具放入烘箱预热至 70℃，然后沿合模线准确合模，并用胶带纸密封，放入真空注型机，将

浇注漏斗与模具浇注孔连接,如图 5-62 所示。

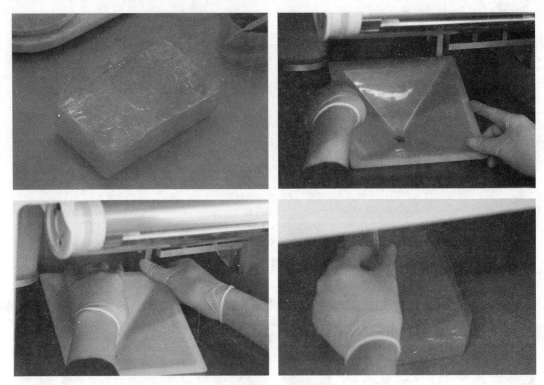

图 5-62　合模密封

　　2) 计量树脂材料

　　按照"树脂质量+余量 60g"的原则确定树脂用量,并按说明书的要求确定固化剂的加入比例,如图 5-63 所示。

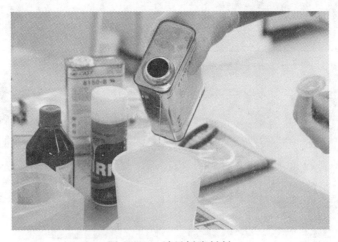

图 5-63　计量树脂材料

　　3) 混合树脂、真空浇注

　　将装有树脂、固化剂的 A、B 料杯放入真空机的倾倒机构上抽真空脱泡,时间 3~5min。启动倾倒机构,将 A 杯的固化剂倒入 B 杯的树脂中充分搅拌,时间 10~30s,如图 5-64 所示。

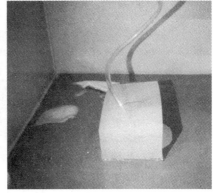

图 5-64　混合树脂、真空浇注

在真空环境下,将混合好的树脂倾倒入漏斗,充满模腔。启动真空注塑机进气,恢复到常压状态,将树脂压入模腔。

4)开模、取出产品

将真空注塑机卸压,水平取出模具,放入烘箱,在 70℃的恒温环境中固化,固化时间 1h。待完全固化后,拆除密封材料,切除浇注口,开模取出产品,如图 5-65 所示。

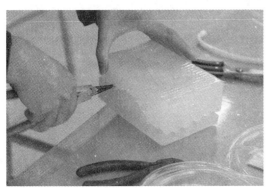

图 5-65　开模、取出产品

用工具去除浇注孔、排气孔、毛边,并进行必要的打磨修整,得到符合设计要求的鼠标上盖产品。

# 5.6　案　例　六

## 5.6.1　产品分析

产品名称:络纱盘、发生器(图 5-66、图 5-67)。

产品简介:络纱盘和发生器是研究生设计的纺纱机中高速络纱真空发生器上的两个零件,学生想通过这两个零件的加工体会快速模具的整体过程。在上文中,我们介绍了这两个零件的硅橡胶模具的制作方法,现在要求制作一批这样的零件。

产品外观:对称、一般复杂。

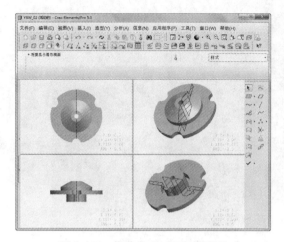

图 5-66　络纱盘 3D CAD 模型图

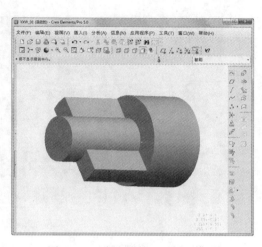

图 5-67　发生器的 3D CAD 模型

产品性能要求:重量比较轻。

产品制作方案分析:要求产品重量比较轻,材料可选用金属如铝合金。根据这两种零件的外形特点加之有一定的批量要求,那么,可以将打印的原型作为铸造模,选用砂型铸造的方法。将 3D 打印的原型直接用于铸造,制作络纱盘和发生器零件。

## 5.6.2　制作流程

分为 3D 打印模型、造型和浇注两大阶段。

### 1. 3D 打印模型

按照 3D 打印的生产流程:数据处理、模型制作和后处理三个部分完成模型打印,打印好的模型如图 5-68 所示(如案例一、案例二,具体过程略去)。需要说明的是在打印好模型后处理的时候,考虑到此原型将用于铸造造型,为便于起模,可将原型表面做浸蜡处理,将原型浸入蜡液中,使其表面沾上一层薄蜡,遮盖原型打印时产生的沟纹,再用刀片将表面刮平。原型上的直角处,用蜡堆积,然后用工具刮出铸造圆角。

图 5-68　3D 打印的原型

**2. 造型和浇注**

1）确定分型面及浇注位置

两个零件的外形均不复杂,且分型面皆为平面,因此都可采用整模造型方法。其分型面和浇注位置如图 5-69 所示。

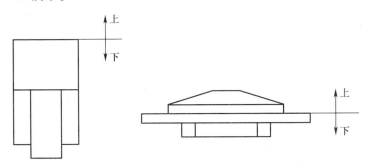

图 5-69　确定分型面及浇注位置

2）造型

络纱盘零件由于其底部有一台阶凸起,造型时先做一个平箱,将模型上的台阶嵌入型砂内,使模具最大截面与平箱的砂面平行,然后造下砂型,翻转修整造上砂型,开箱起模,等待浇注,如图 5-70 所示。

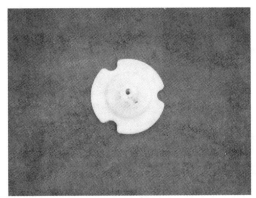

图 5-70　络纱盘的造型

发生器零件的分型面在端部,无凸起台阶,便于造型及设置浇口,因此采用一箱两铸的方式,如图 5 - 71 所示。

图 5 - 71　发生器的造型

3) 浇注

砂型制作完毕,合箱进行浇注,获得零件,如图 5 - 72、图 5 - 73 所示。

图 5 - 72　零件的浇注　　　　　　　　　　　图 5 - 73　浇注好的零件

## 复习思考题

1. 请选择一个适合的产品,使用 S250 双喷头 3D 打印机加工出来。

2. 请选择一个适合的产品,使用桌面 UP! 3D 打印机加工出来。

3. 请选择一个适合的产品,使用 M2 金属快速成形机加工出来。

# 参 考 文 献

[1] 二代龙震工作室.Pro/ENGINEER Wildfire 5.0辅助设计与制作标准实训教程.北京:印刷工业出版社,2011.

[2] [美]David S.Kelley.Pro/ENGINEER Wildfire 机械设计教程.孙江宏译.北京:清华大学出版社,2005.

[3] 韩玉龙.Pro/ENGINEER Wildfire 3.0 零件设计专业教程.北京:清华大学出版社,2006.

[4] 林清安.Pro/ENGINEER 野火 3.0 中文版基础零件设计(上).北京:电子工业出版社,2006.

[5] 胡庆夕,等.快速成形与快速模具实践教程.北京:高等教育出版社,2011.

[6] 吴怀宇.3D 打印:3D 智能数字化创造.北京:电子工业出版社,2014.

[7] [美]Hod Lipson,等.3D 打印:从想象到现实.北京:中信出版社,2013.

[8] 王学让,等.快速成形与快速模具制造技术.北京:清华大学出版社,2012.

[9] 王广春,等.快速成形与快速模具制造技术及其应用.3 版.北京:机械工业出版社,2013.

[10] 金烨,等.自由成形技术.北京:机械工业出版社,2012.

[11] 徐人平.快速原型技术与快速设计开发.北京:化学工业出版社,2008.

[12] 张人佶.先进成形制造实用技术.北京:清华大学出版社,2009.

[13] 范春华,等.快速成形技术及其应用.北京:电子工业出版社,2009.

[14] 莫健华.快速成形及快速制模.北京:电子工业出版社,2006.

[15] 安宇之星.Image 8 of 8.3D 打印服务[EB/OL].(2012-8-31)[2015-10-21].http://www.anyustar.com/upload/image/392_006.jpg.

[16] Kickstarter.symphony shells 交响贝壳放大 iphone 音量[EB/OL].(2013-10-31)[2015-10-21].http://sj.19yxw.com/20131015/35231.html.

[17] WPDang.未来的趋势 3D 打印真的不太遥远[EB/OL].(2013-3-14)[2015-10-21].http:wp.msn.com.cn/news/tech/130977.shtml.

[18] Kipling.Kipling 推出全球首款 3D 打印弹力包袋(5)[EB/OL].(2014-4-3)[2015-10-21].http://www.yoka.com/fashion/windows/2014/pic0403872924.shtml.

[19] 元器件交易网.这些,全都可以 3D 打印[EB/OL].(2013-6-4)[2015-10-21].http://www.yoka.com/fashion/windows/2014/pic0403872924.shtml.

[20] mikoye.舞娘蒂塔·万提斯穿 3D 性感透视装[EB/OL].(2013-3-11)[2015-10-21].http://star.lady8844.com/gossip/guowai/201303/1188234.html.

[21] 家具迷.法国公司首次实现 3D 打印大型家具[EB/OL].(2014-6-23)[2015-10-21].http://www.jiajumi.com/news/global/8410.html.